植物的生命奇迹

侯元凯　著

中原出版传媒集团
中原传媒股份公司

大象出版社
·郑州·

图书在版编目(CIP)数据

植物的生命奇迹 / 侯元凯著. — 郑州 : 大象出版社, 2023. 1
ISBN 978-7-5711-1711-5

Ⅰ. ①植… Ⅱ. ①侯… Ⅲ. ①植物-少儿读物
Ⅳ. ①Q94-49

中国国家版本馆 CIP 数据核字(2023)第 002202 号

植物的生命奇迹

ZHIWU DE SHENGMING QIJI

侯元凯 著

出 版 人 汪林中
责任编辑 郑强胜
责任校对 安德华
书籍设计 王 敏

出版发行 大象出版社(郑州市郑东新区祥盛街 27 号 邮政编码 450016)
发行科 0371-63863551 总编室 0371-65597936
网 址 www.daxiang.cn
印 刷 河南瑞之光印刷股份有限公司
经 销 各地新华书店经销
开 本 787 mm×1092 mm 1/16
印 张 17.5
字 数 259 千字
版 次 2023 年 1 月第 1 版 2023 年 1 月第 1 次印刷
定 价 86.00 元
若发现印、装质量问题,影响阅读,请与承印厂联系调换。
印厂地址 武陟县产业集聚区东区(詹店镇)泰安路与昌平路交叉口
邮政编码 454950 电话 0371-63956290

自　序

《植物的生命奇迹》是笔者集多年教学、科研、实践的智慧，专门写给少年儿童的一本通俗易懂的科普读物。少年儿童是祖国的未来，他们对奇妙的世界充满了好奇，通过阅读本书，使他们能够身临其境地感知植物世界的奇妙，激发其奇思妙想，形成神奇植物世界比单纯的恐龙世界更加多姿多彩的意识，从而在少年儿童心中播下爱护植物、保护环境和从事科学研究的种子。

什么是植物？植物像大多数动物一样是多细胞真核生物。植物和动物最重要的区别是植物自己可以利用光合作用制造食物，而动物却不能。地球上有50余万种植物，它们都生活在农田、森林、荒漠、湿地和海洋中，它们的生长除了需要空气，还需要阳光和水。

任何一门科学都好像一条河流，它有着朦胧的、默默无闻的开端；有时平静地流淌，有时湍流急奔；它既有枯竭的时候，也有涨水的时候。借助于许多研究者的辛勤劳动，或者当其他思想的溪流给它带来补给时，它就获得了前进的势头，它被逐渐发展起来的概念和归纳不断加深和加宽。

——［美］卡尔·P. 斯万森（Carle P. Swanson）

我相信，对任何年龄段的人来说，探究大自然可以使人减少对肤浅娱乐的兴趣，遏制激情引发的内心骚动，用一种最值得心灵沉思的对象来充实心灵，为心灵提供有益的食粮。

本书的诞生，源于笔者对2021年中国人民大学出版社出版的《奇妙的植物世界》的策划。笔者以生动迷人的视角，审视这些与我们一同造就历史、孕育文明不可或缺的关键角色——植物。本书内容包括植物的起源与进化、植物的遗传与变异、植物的器官与功能、植物的生理特征、植物的分类与命名、植物的全球分布、植物生态与环境、植物对人类的贡献、植物的美丽与智慧；同时，选取其中最吸引人的疑点或谜团，以图文并茂的形式全景展示。

植物的美为我们的生活增光添彩。人们生活在植物环绕的环境中，会心旷神怡；看到植物开花，会心花怒放。

本书在对植物进行科学讲解时，引入人文经典，在激发少年儿童阅读兴趣的同时，还可以积累优美的语句，让少年儿童在轻松愉快的阅读中，获得植物知识的新信息和新见解。

本书的插图篇幅大大多于文字，以增强阅读的直观效果，使少年儿童在欣赏图示过程中更好地学习植物知识；同时，书中的图文亦为少年儿童的科学课、语文课、美术课提供了一定量的研学素材。

本书展示的只是奇妙植物世界的冰山一角，作为一本科普读物，旨在为少年儿童开启一扇认识植物世界的小窗，也许正是这一扇小窗，会帮助少年儿童播下未来梦想的种子。

本书也适合青年与大众阅读。植物世界是复杂的，也是纯净的、博大的。这个世界让我们的心灵得到升华、得到涵养、得到滋润，漫游其中，获益良多。

侯元凯

2022 年 5 月

目录
CONTENTS

三、植物的器官与功能

四、植物的生理特征

五、植物的分类与命名

六、植物的全球分布

七、植物生态与环境

八、植物对人类的贡献

九、植物的美丽与智慧

一、植物的起源与进化

地球场景。摄于新西兰

1. 植物的起源

早在46亿年前，地球就形成了。

38亿年前，地球上开始有了生命的痕迹。那时地球没有氧气，它创造了生命起源过程中的复杂机理。最早的生命——缺氧的异养原核细菌，还只能游荡在海洋中。

最古老的植物是海洋中的微小藻类。约5亿年前，由于地幔对流，陆地开始出现。在4.3亿年前，蓝藻开始了光合作用，产生氧气，形成臭氧层，阻止了紫外线，生命才从海洋走向陆地。

经过了那个属于大自然的、具有宽裕时间的时代，生命达到了与破坏力量相适应的状态；选择性地淘汰了那些适应能力差的物种，而只让那些最具有抵御能力的种类活下来。

——［美］蕾切尔·卡森（Rachel Carson）《寂静的春天》

植物家族的起源与演变。摄于成都植物园

苔藓。摄于河南淅川县坐禅谷

植物从诞生开始经历了以下过程：蓝藻→藻类+地衣类+菌类→苔藓→蕨类→裸子植物→被子植物。

2. 植物的进化

在 1859 年 10 月 24 日英国生物学家查尔斯·罗伯特·达尔文（Charles Robert Darwin，1809—1882）发表《物种起源》之前，人们认为物种是不变的，而且是神创造的。达尔文搭乘英国皇家海军舰艇“贝格尔号”经过 5 年的航海旅行，又经历 8 年的藤壶解剖工作，倾其一生都在思考物种起源，提出了物种是可变的、进化的。

达尔文像。摄于华南植物园

凡是那些存活下来的物种，不是最强壮的种群，也不是智力最高的种群，而是对变化做出最积极反应的物种。

自然选择学说的难点与异议：花之所以美丽，果实之所以鲜美，并不是为了迎合人的审美。生物最初的结构，完全是有利于自身的生存而被选择。

——［英］达尔文《物种起源》

ON

THE ORIGIN OF SPECIES

BY MEANS OF NATURAL SELECTION,

OR THE

PRESERVATION OF FAVOURED RACES IN THE STRUGGLE FOR LIFE.

BY CHARLES DARWIN, M.A.,

FELLOW OF THE ROYAL, GEOLOGICAL, LINNÆAN, ETC., SOCIETIES; AUTHOR OF 'JOURNAL OF RESEARCHES DURING H. M. S. BEAGLE'S VOYAGE ROUND THE WORLD.'

LONDON:
JOHN MURRAY, ALBEMARLE STREET.
1859.

The right of Translation is reserved.

《物种起源》书影

达尔文在《物种起源》中指出，我们能够轻易知道，若每一种生物都能被放任，都按照它们生殖的数量茁壮成长且迅速繁衍，则只需要一对祖先，其子孙便能很快覆盖整个地表。

生物生下的后代远远超过可能存活下来的数量，存活下来的就必须在各种场合为生存而斗争。要么跟同种的另一个个体斗争，要么与一个来自遥远纲目的个体斗争，要么跟自己生存的自然环境斗争。

植物生长看似无意识地进行，其实每时每刻都在进行生存竞争，它具有发达的生存机制，争相抢夺阳光、水分及生存空间。植物间竞争的激烈程度不亚于人类社会和动物世界里的生存斗争。

至此，人们才知道生命和物种是来自大自然。

3. 为人类指点迷津的植物化石

树木基部化石。摄于北京古森林博物馆

在坦桑尼亚奥杜瓦伊峡谷，英国考古学家路易斯·利基和其子理查德经过数十年的筛分沙土和岩石，拼出了少量的重要“能人”化石，揭示了生物进化的秘密。

现今我们所知道的远古生物，都是化石指点迷津的结果。化石是地层中古代生物遗体、遗物或生活痕迹。硅化木是数亿年前的树木埋藏地下后，被二氧化硅替换而成，在硅化木里还保留了树木的木质结构和纹理。

化石树木。摄于深圳仙湖植物园

植物化石是大自然留给人类的珍贵遗产，我们对远

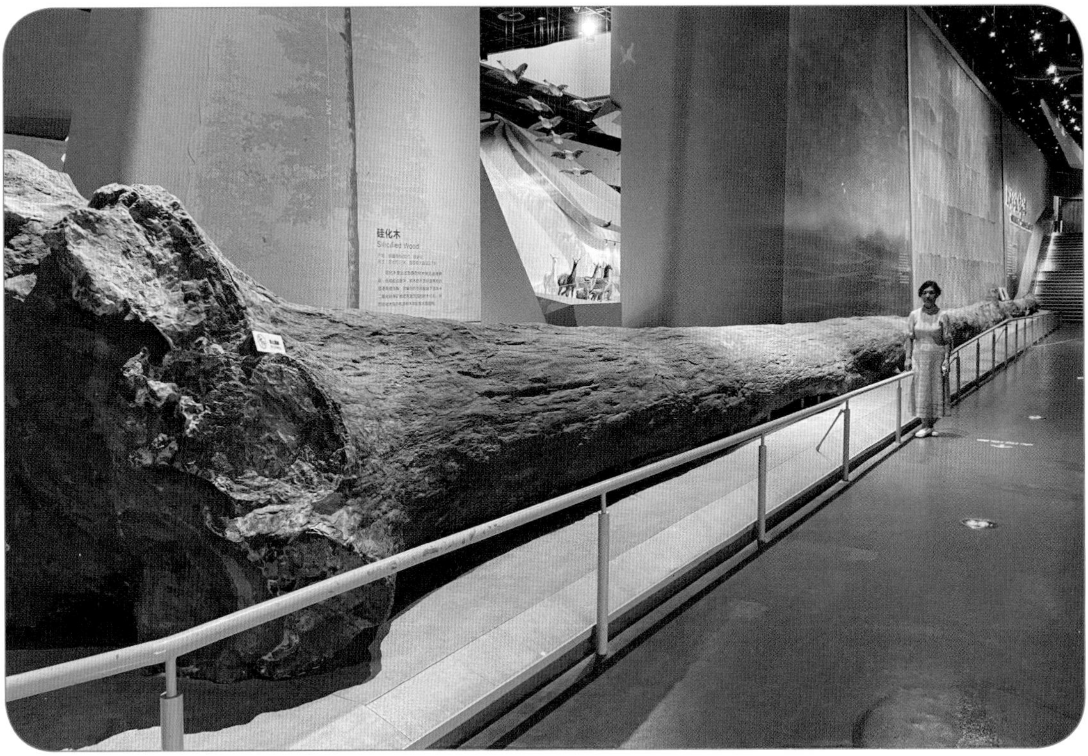

硅化木。产于新疆奇台，侏罗纪，总长 37 米，根部最大直径 2.7 米。摄于武汉自然博物馆

化石森林。摄于
深圳仙湖植物园

化石树木。摄于深圳仙湖植物园

古时期的生物的大部分认识来自化石，化石记录了植物经历地球变迁的沧桑，可以把我们带回到早先的任何一个地质年代，使我们可以对已逝的植物风采一览无遗。

最早的被子植物的起源和形态，在达尔文时代之前一直是一个谜。这个长期以来的谜团，就是在人们发现最古老的显花植物古果的化石后才得以解开。

琥珀是来自 4000 万年前生长在欧洲北部的松类植物油云杉流出的树脂形成的化石。油云杉是一种远古时代的针叶树木，现在已经绝迹了，但它的树脂却已成为化石保存至今。这类化石呈黄褐色，成了当今的稀世之宝。

地球上种类繁多的植物是怎样进化而来的呢?生物学和古生物学丰富的资料证明，植物是自然界历史发展的产物。地层是一本记录地球发展变化事迹的“史书”，其中化石是记述植物进化的“文字”。

——侯元凯《奇妙的植物世界》

4. 最低等的植物

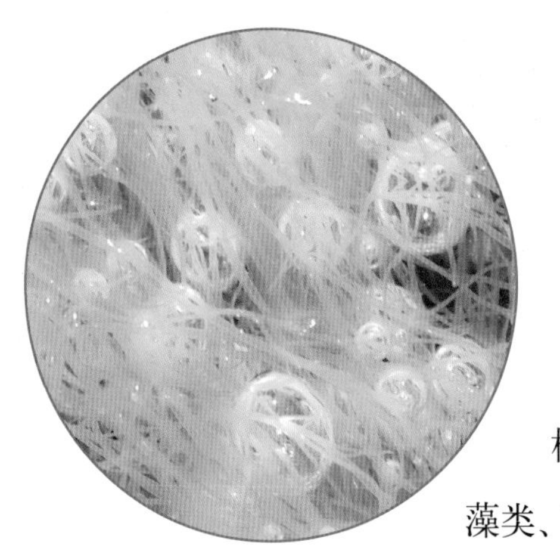

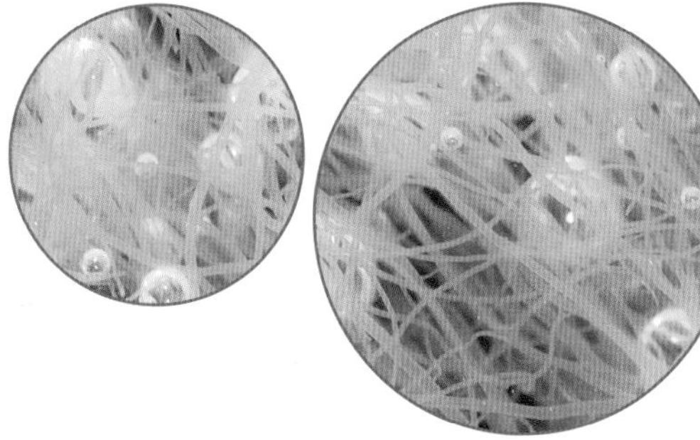

植物分为高等植物和低等植物，低等植物包括藻类、菌类和地衣，低等植物依靠孢子繁育后代。

泡沫海藻

藻类从原始的光合细菌演化而来，主要生活在水体中，但也有一些变种可生活于土壤中、雪中或温泉中。藻类有红藻、褐藻、硅藻和绿藻。

菌类约 10 万种，没有根、茎、叶，一般没有叶绿素。

地衣是真菌和藻类共生的一类植物，没有根、茎、叶。与藻类共生的真菌大多是子囊菌，它们包被藻体，共生的藻类主要是蓝藻和绿藻，可进行光合作用，并合成有机物。

青苔石上净，
细草松下软。
——〔唐〕王维《戏赠张五弟諲三首》

最低等的植物是绿藻，接下来是苔藓。苔藓类包括苔类、藓类和角苔类，是最古老的陆生植物的祖先。苔藓生活在陆地上，但需要潮湿的生长环境，它们没有合适的根，而是用线状的假根攀住地面。苔藓属于最低等的高等植物，无花，无种子，依靠孢子繁殖。

5. 恐龙世界里的植物

早在 4 亿年前，陆地上出现了最早的裸蕨类植物，经过数千万年的演化，在遍布水泽的陆地上，高大挺拔的蕨类植物等组成了广袤的沼泽森林。在 2 亿～ 6500 万年前的侏罗纪和白垩纪，气候环境对恐龙的生存和繁衍十分有利，地球成了爬行动物的舞台。恐龙种类众多，大地上有招摇过市的梁龙，水里游荡的鱼龙，天上飞翔的翼龙，恐龙真正成了地球上的坐地大户。此时，桫椤类植物便应运而生，呈乔木状或灌木状，为恐龙的主食之一。

恐龙的脖子为什么那么长？恐龙时代所

密林丰薮蔽天日，
冥云玄雾迷羲和。
兽蹄鸟迹尚无朕，
恐龙恶蜥横駊娑。
——胡先骕《水杉歌》

恐龙头颅。摄于重庆自然博物馆

面临的都是巨大的森林植物，为了吃到高大树木上的叶子，恐龙的体格越来越大，同时树木为了躲避恐龙的食用，也愈发长得高大，这就使恐龙的脖子看起来很长。

到中生代末期，恐龙逐渐销声匿迹，这是为什么呢？在白垩纪末期，气候条件对恐龙变得严酷起来。桫椤类植物被裸子植物和后来的被子植物所取代，被子植物的快速进化，使得恐龙不能适应这种变化，最终被逼上了绝路，导致了恐龙家族的整体覆灭。

6. 裸子植物的远祖

最早的种子植物是裸子植物，裸子植物即种子裸露的植物，它的雌球花中的胚珠完全暴露。它们的种子没有外皮或外壳，仅有一种木质的果实保护。

裸子植物是怎样演化的？一般认为，裸子植物是从蕨类植物演化而来的。原始蕨类植物古蕨可能是裸子植物的远祖。上泥盆纪出现的种子蕨，可能是向裸子植物演化的过渡类型。原始裸子植物出现于古生代

苏铁具有簇生胚珠、大孢子叶生于胚珠顶端的雌株。摄于河南淅川县香严寺

红松（*Pinus koraiensis*）。摄于辽宁营口

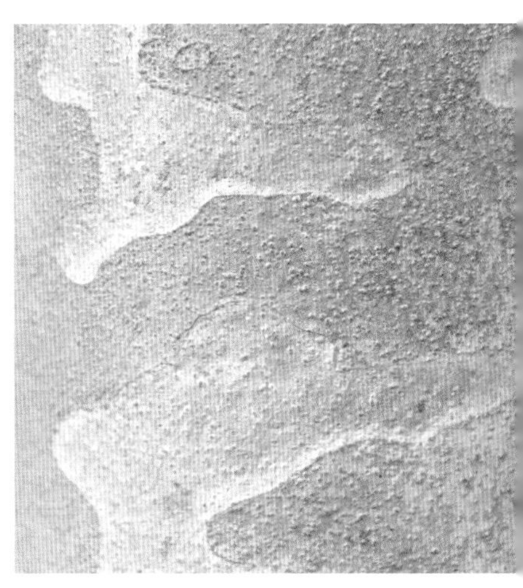

白皮松树皮

长椭圆形雄球花的苏铁雄株。摄于郑州某小区

种子出现的五千万年后，首批针叶树于石炭纪登场。

——［英］麦克斯·亚当斯（Max Adams）《树的智慧》

泥盆纪，在石炭纪、二叠纪曾形成全球空前茂盛的森林。至中生代三叠纪、侏罗纪，古老裸子植物陆续灭绝，新的种类演化出来。新生代第三纪演化出新生的种类，经第四纪冰川浩劫后，裸子植物作为全球植被的统治者，地位已让位于被子植物。

现存裸子植物有 15 科 850 种，它们分别是苏铁科、蕨铁科、泽米铁科、银杏科、

红杉林。摄于新西兰红杉森林

南洋杉科、松科、杉科、柏科、罗汉松科、三尖杉科、红豆杉科、麻黄科、买麻藤科、百岁兰科等。

苏铁是最古老的裸子植物，它看上去与桫椤非常相似。裸子植物呈乔木或灌木状，有叶针形、鳞形、条形。裸子植物产生花粉和胚珠，以雄性和雌性的球花进行生殖，传粉依靠风媒，没有虫媒。裸子植物曾广布于南、北半球，尤以北半球更为广泛。

7. 成煤植物

科达树

煤炭是怎样产生的？煤炭是古代植物埋藏在地下，经历了复杂的变化，逐渐形成的固体可燃性矿产。煤主要由碳、氢、氧、氮、硫和磷等元素组成。

古生代的石炭纪和二叠纪，成煤植物主要是孢子植物。中生代的侏罗纪和白垩纪，成煤植物主要是裸子植物。新生代的第三纪，成煤植物主要是被子植物。

成煤的孢子植物有鳞木、封印木、芦木以及树蕨等。早期的裸子植物种子蕨、科达树也参加石炭纪造煤运动。上述成煤植物现在大多不复存在。

鳞木是石炭纪成煤的原初植物，也是古代素食动物的食物，与封印木、芦木共同在热带沼泽地区形成森林。芦木茎有节，上下节的纵脊交互排列。种子蕨不仅有蕨类植物的叶，而且有种子。科达树高大，叶呈紧密螺旋状分布。

煤炭

鳞木

地球上很多地质现象的形成都有早期的生命参与。

——［美］迪亚格雷集团（The Diagram Group）《起源与进化》

8. 被子植物的远祖

最古老的被子植物在1.5亿年前就已演化而成，此前地球上分布的苔类、藓类、角苔类、石松类、蕨类、裸子植物都是无花植物。被子植物是开花植物或叫有花植物。被子植物种类超过30万种，具有真正的花。被子植物的种子包裹在果实中。

被子植物的花、种子、果实的出现，不仅实现了被子植物自身的进化，也推动了与被子植物关系密切的动物进化。

玉兰是显花植物中最古老的植物种类之一

根据种子的结构，被子植物分为两大类，单子叶植物和双子叶植物。

最早的被子植物——无油樟（*Amborella trichopoda*）是现存被子植物中已知最早与其他被子植物分开演化的，与其他被子植物没有明显的亲缘

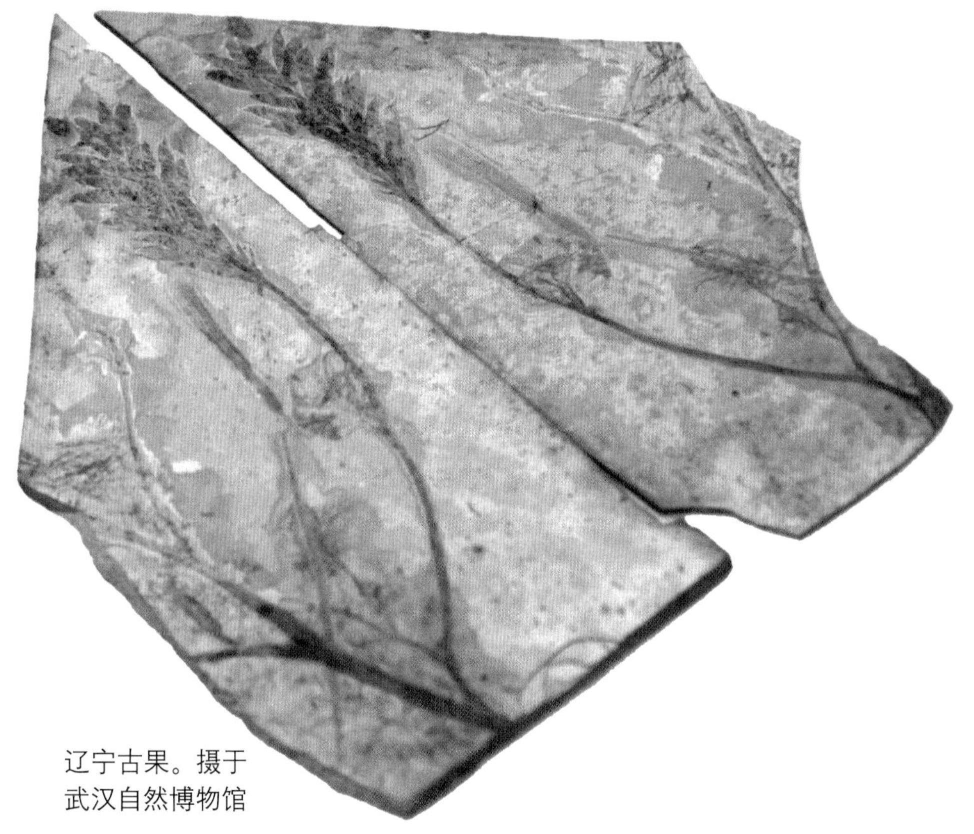
辽宁古果。摄于武汉自然博物馆

关系。无油樟是生长在新喀里多尼亚的一种小灌木，2003 年以后，被认为可能是被子植物里最原始的一群。

辽宁古果（*Archaefructus liaoningensis*）的生存年代为距今 1.45 亿年的中生代，生殖枝上有蓇葖果，花朵中有雄蕊和雌蕊，曾经被国际古生物学界认为是迄今最早的被子植物。

单子叶植物约 6 万种，究竟是怎样进化出来的，尚不得而知。单子叶植物多数是草本植物，只有一片子叶，没有形成层，平行叶脉，须根系。

首批开花植物出现在五千万年内，被子植物大举扩张，最后在树的世界占据了压倒性的支配地位——至少就它们所产生的乔木、灌木的种类多样性和分布范围来看是如此。

——［英］麦克斯·亚当斯（Max Adams）《树的智慧》

9.草本植物的远祖

没有花香，没有树高，我是一棵无人知道的小草。从不寂寞，从不烦恼，你看我的伙伴遍及天涯海角。

——向彤、何兆华《小草》

什么是草本植物？所有的粮食作物都是草本植物，很多动物也是以草本植物为食的。

草本植物多数在生长季节结束时，它的整体部分死亡，包括一年生和二年生的草本植物。多年生草本植物的地上部分每年即使死去，地下部分的根、根状茎及鳞茎还能生存多年。

草本植物比木本植物进化程度更高。由木本植物进化到草本植物，发生在白垩纪后期。6000 万年前，草本植物已经在地球上郁郁葱葱、英华发外。地球上最先进化出的草本植物——毛茛，它的 5 个萼片比花瓣小很多。雌蕊生在一个小而突起的短柱状花托上，雄蕊及花瓣、萼片都生在花托下部。毛茛雄蕊和雌蕊数目多、排列方式以及花托的隆起都具有原始特征。

花毛茛（*Ranunculus asiaticus*）

10. 植物史上的大浩劫

海枯风阻陆渐干，
积雪沍寒今乃见。
大地遂为冰被覆，
北球一白无丛绿。
——胡先骕《水杉歌》

地球是不断变化着的，尤其是气候变化跌宕起伏，变化的规模也远不止《千字文》所言的“寒来暑往，秋收冬藏”，而是沧海桑田般的变化。第四纪大冰期前地球气候温和，适合生物生存。开始于 164 万年前的第四纪大冰期，全球表面气温普遍下降，年平均气温比正常年份低 10℃以上。北欧和北美洲的大面积陆地被冰层覆盖，厚厚的冰层覆盖大陆数千年之久。

冰川到来之后，大量物种灭绝，但也诞生了新的物种，例如人类也是在此后诞生。在冰期，北极冰川南流，欧亚大陆及北美洲植物南移，冰川运动使植物向南退却，有许多植物因冰川遭到灭顶之灾。孑遗植物则是第四纪冰川的亲身经历者，见证了这场植物史上的大浩劫。

11. 死里逃生的孑遗植物

什么是孑遗植物？一般是先发现化石再发现活体，或活体与确认的化石属同一种且同时存在的植物。

水杉

银杉

银杏（*Ginkgo biloba*）最早出现于3.45亿年前的石炭纪，曾广泛分布于北半球，白垩纪晚期开始衰退，是第四纪冰川运动后遗留下来的裸子植物中最古老的孑遗植物，而与银杏同纲的所有其他种类皆已灭绝。

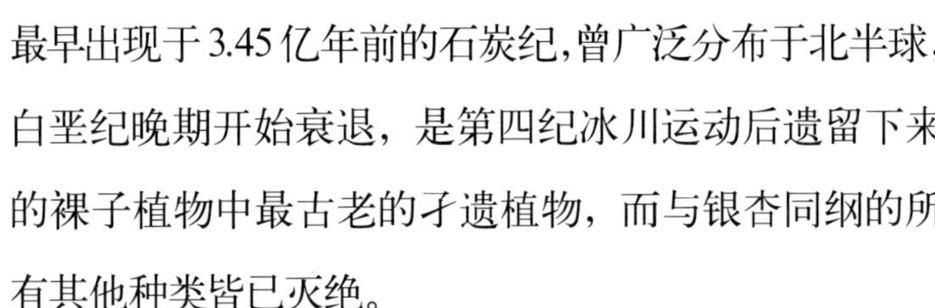

银杉（*Cathaya argyrophylla*）曾被认为是地球上早已灭绝，而现在只保留着化石的植物。远在地质时

银杏

期的新生代第三纪时，银杉曾广泛分布于北半球的亚欧大陆。直到 1955 年，才由中国植物学家钟济新（1909—1993）在广西桂林附近的龙胜花坪林区发现了仍存于世的银杉。

琪花琼草竞芳妍，
沾溉万方称鼻祖。
铁蕉银杏旧知名，
近有银杉堪继武。
——胡先骕《水杉歌》

水杉（*Metasequoia glyptostroboides*）于 1 亿年前的北极一带繁茂生长，被认为直到第四纪后才相继灭绝。直到 1943 年，植物学家王战（1911—2000）在重庆万县（今重庆万州区）磨刀溪路旁发现三棵从未见过的树木。1946 年，植物分类学家胡先骕（1894—1968）和树木学家郑万钧（1904—1983）证实它是 1 亿年前在地球生存过的水杉。

银杏

12.系统发育树

生物学家们必须时刻牢记他们所看到的并不是设计出来的，而是进化出来的。

——［英］弗朗西斯·哈里·康普顿·克里克（Francis·Harry Compton Crick）

系统发育树记录不同物种如何从一个共同的祖先演化而来的进化图谱。通常它会被描绘成分枝树状图，也被称为进化树。进化树是把源于同一个祖先，但彼此具有独特性状的植物分类为不同类群进行绘制的。

采用最新DNA分子检测手段的APG分类法（Angiosperm Phylogeny Group，被子植物种系发生学组）：

弗朗西斯·哈里·康普顿·克里克

<table>
<tr><td rowspan="12">植物进化树</td><td rowspan="4">真菌和无种子植物</td><td>真菌 2 万种</td></tr>
<tr><td>藻类（红藻、褐藻、硅藻、甲藻和绿藻等） 2.5 万种</td></tr>
<tr><td>藓类（苔藓） 1.65 万种</td></tr>
<tr><td>广义真蕨类（蕨类和它们的传统近亲，如木贼）</td></tr>
<tr><td>裸子植物</td><td>裸子植物（苏铁目、银杏目、松杉目） 600 种</td></tr>
<tr><td rowspan="6">被子植物 24 万种</td><td>被子植物基部群小类群（无油樟目、睡莲目、胡椒目、木兰目、樟目）</td></tr>
<tr><td>被子植物基部群单子叶植物（泽泻目、薯蓣目、露兜树目、百合目、天门冬目、禾本目、棕榈木、姜目、鸭跖草目）</td></tr>
<tr><td>真双子叶植物基部群（毛茛目、山龙眼目）</td></tr>
<tr><td>核心真双子叶植物小类群（大叶草目、檀香目、虎耳草目、石竹目）</td></tr>
<tr><td>核心真双子叶植物蔷薇类（牻牛儿苗目、葡萄目、桃金娘目、金虎尾目、酢浆草目、蔷薇目、豆目、葫芦目、壳斗目、十字花目、无患子目、锦葵目）</td></tr>
<tr><td>核心真双子叶植物菊类（山茱萸目、杜鹃花目、龙胆目、紫草目、茄目、唇形目、冬青目、伞形目、菊目、川续断目）</td></tr>
</table>

13. 植物生命起源是难解之谜

所有的事物都受时间和空间的束缚。所研究的动物、植物或微生物都只是变化万千的进化链的一环，没有任何永久的意义。即使他接触的各种分子及化学反应，也不过是今日的流行，都会随着进化的进行而被取代。他所研究的生物并不是一种理想生物的特殊表现，而是整个广无边际、相互关联、相互依赖的生命网的一条线索而已。

——［德］马克斯·德尔布吕克（Max Delbrück）

生命是怎样起源的？对于诞生且立足地球只有200万年的人类来说，进化而成现代智人才刚刚1万年，人类开始有记录思想及生活的文字不足5000年，自然科学发展也只是近100年的事儿。单个人平均寿命不足100年的时间里，探索数十亿年前生命的起源，会使我们落入时间和空间的团团迷雾当中。

1965年，法国生物化学家雅克·吕西安·莫诺（Jacques Lucien Monod，1910—1976）指出："有两个问题，一个是在进化最低和最简单的层次，就是生命的起源；另一个是在进化最高和最复杂的层次，就是大脑的运作。最简单的层次可能是最难研究的，因为我们现在能够作研究的细胞，其实最简单的细菌都已经是进化了数十亿年的产物，距离生命起源已经非常遥远。"这说明了生命起源是难解之谜。

莫诺

二、植物的遗传与变异

1. 孟德尔的豌豆杂交实验揭示了生物遗传奥秘

人类驯化植物已有 1 万年的历史，但直到 1866 年，奥地利博物学家格雷戈尔·约翰·孟德尔（Gregor Johann Mendel）在摩拉维亚经过 8 年人工杂交了 1 万株豌豆，发表了《植物杂交实验》，人类才真正了解了遗传法则。

白花豌豆

要尝试去摘星，即使永远也够不着它们，如果你足够努力，你总会在过程中得到一些星尘。

——[美] 诺曼·布劳格（Norman Ernest Borlaug）

孟德尔提出了遗传学的分离定律（孟德尔第一定律）、自由组合定律（孟德尔第二定律）和遗传因子学说，揭示了生物遗传奥秘，开启了探究遗传基因的新纪元。孟德尔的豌豆杂交实验启发了150年来无数有益于人类的发现。遗传学从孟德尔的豌豆实验开始，后来经过果蝇、霉菌、噬菌体等实验，揭示了DNA的结构。

孟德尔

红花豌豆

2. 基因的发现带来生物学的革命

原子的发现带来物理学的革命，字节的发现带来互联网的革命，基因的发现带来生物学的革命。破解了基因的运行机制，也就破解了生命的奥秘。美国科普作家悉达多·穆克吉（Siddhartha Mukherjee）发表的《基因传》，完整讲述了基因理论的起源、发展和未来。

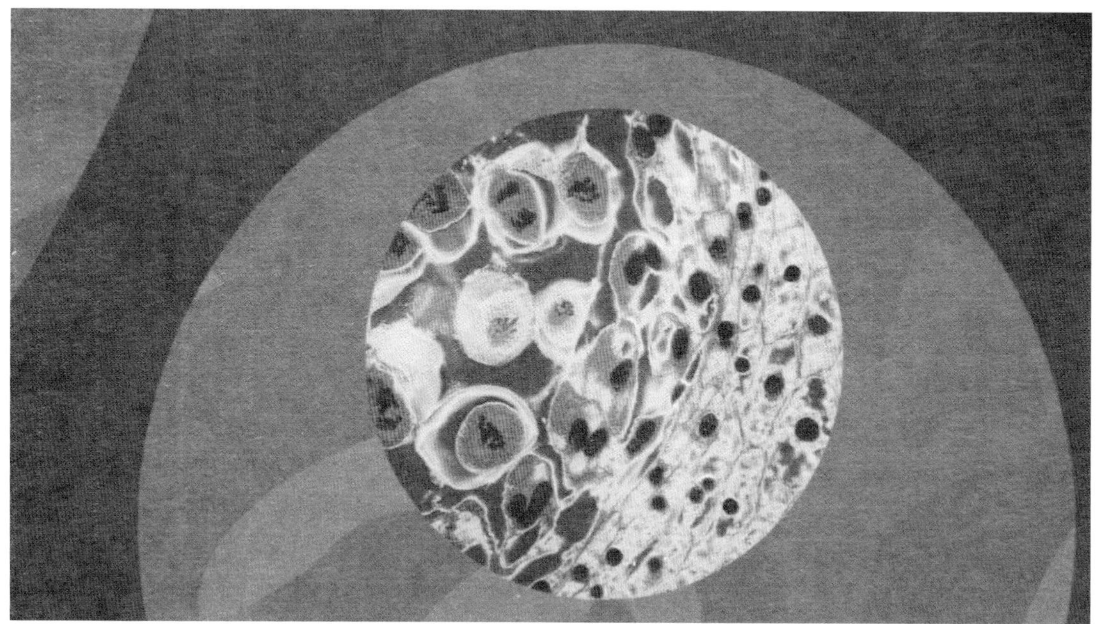

染色体。摄于成都植物园

自然界已经为蛋白质分子设计了某种装置，它可以通过某种简明扼要的途径来诠释其灵活性与多样性。只有充分地把握这种特殊的优势组合，我们才能以正确的视角来认识分子生物学。

——［英］弗朗西斯·哈里·康普顿·克里克（Francis Harry Compton Crick）

托马斯·亨特·摩尔根

现代实验生物学奠基人——美国进化生物学家、遗传学家和胚胎学家托马斯·亨特·摩尔根（Thomas Hunt Morgan）发现了染色体的遗传机制，创立了染色体遗传理论。

基因是染色体上一段特定的DNA序列。一条染色体上可能有成千上万的基因。基因的表达受其启动子和终止子的控制。基因的产物是RNA，可以翻译成蛋白质，或以RNA的形式起作用。

3. 什么是植物杂交

杂交育种是把两个或多个品种的优良性状通过交配集中在一起，再经过选择和培育，获得新品种。1694 年，德国植物学家鲁道夫·雅各布·卡梅拉尼斯(Rudolf Jakob Camerarius) 发表的《植物的性》，验证了花朵和植物性别的关系，研究了植物的雄蕊和雌蕊，进行了植物杂交实验，这是最早的人工杂交实验。

村径绕山松叶暗，
柴门临水稻花香。
——〔唐〕许浑《晚自朝台津至韦隐居郊园》

1964 年，中国科学家袁隆平发现一株“鹤立鸡群”的天然杂交水稻，开始了人工杂交水稻研究。1970 年，他在海南南红农场的一片沼泽地发现了花粉败育型的野生稻不育株“野败”，使杂交水稻研究得以顺利推进。

2006 年 6 月 20 日，袁隆平在湖南长沙察看水稻

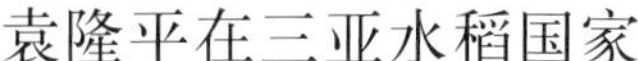

袁隆平在三亚水稻国家

粳米

公园试验田里，培育出667平方米面积产1065.3千克的水稻新品种。袁隆平培育的超级杂交稻品种“湘两优900”（超优千号），在667平方米试验田内产出1149.02千克水稻。若按每人每天食用250克大米计算，面积667平方米的水稻产量可供12个人食用一年。

除了有性杂交，脑洞大开的科学家们还创造性地将亲缘关系较远的两种植物通过嫁接的方法进行再造，让一株植物上能够盛开两种以上的鲜花，结出两种以上的不同果实。转基因能够打破物种间基因转移的“天然屏障”，是生物进化的最大驱动力之一。

水稻

4. 植物花粉的传播

植物一生只有两次移动机会，一次是花粉的飘落，另一次是种子的散落。种子植物通过花粉的飘落进行异花授粉，便于基因交流，增强植物的生存能力。

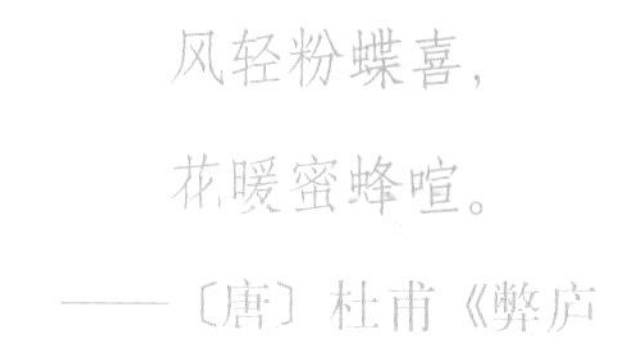

风轻粉蝶喜，
花暖蜜蜂喧。
——〔唐〕杜甫《弊庐遣兴奉寄严公》

一朵花的花粉，从花药散放落到同一朵花的柱头上，它们在一朵花内就完成了授粉，这是自花授粉。

雌蕊、雄蕊分了家，它们分别需要靠外找配偶来完成受精，这是异花授粉。

植物的配偶除了自己寻找，还可依靠外界的力量，这类属于杂性花植物。

风媒花不需要美丽的花瓣吸引前来授粉者，玉米（*Zea mays*）雄蕊为穗状花序，单株生产出许多花粉粒，雌蕊有羽毛状的大柱头，以便抓住空中飘来的花粉。

苦草（*Vallisneria spiralis*）雄花离开植株在水面上漂流，一旦碰上了雌花，花粉便落到雌蕊的柱头上完成授粉。

风媒花授粉（玉米）。盛然　绘

蜜蜂传粉

刺槐（*Robinia pseudoacacia*）和油菜（*Brassica napus*）花香最能吸引昆虫，花粉粒也较大，传播起来比较便利，成了昆虫最喜爱的蜜源植物。植物开花是为了摆布、利用昆虫为其传宗接代。昆虫不是植物花粉传播的义务工，只是因为花粉具有芳香味道和绚丽的色彩，引诱昆虫前来食用花粉，在昆虫享用花粉的同时顺便为这朵鲜花提供了“联姻”的机会。

竹叶眼子菜授粉。摄于武汉植物园

5. 由花粉粒诱导的参天大树

植物生存或繁殖后代的能力，没有人类的逻辑可言，远远超出我们的想象。植物在受精过程中卵核与精子结合，产生受精卵，然后发育成种子，由种子再长成植株。那么是否可以由一粒花粉培育成独立的植株——没有母亲的植株？

把曼陀罗（*Datura stramonium*）花粉取下来，花粉离开曼陀罗植株以后，改变了原来的发育途径，不

遗传规律的精准不仅颠覆我们的世界观，同时也成为人类征服自然界的强大武器，而这种超凡的预见力令其他任何学科均相形见绌。

——［英］威廉·贝特森（William Bateson）

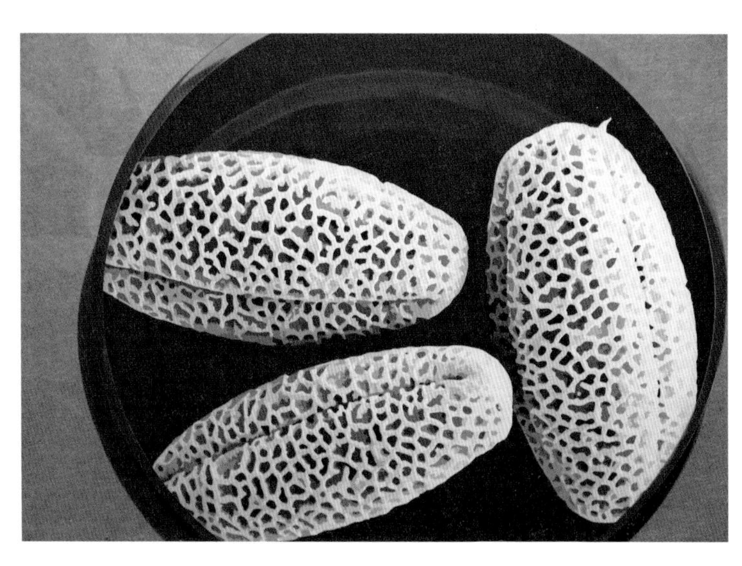

接骨木的花粉

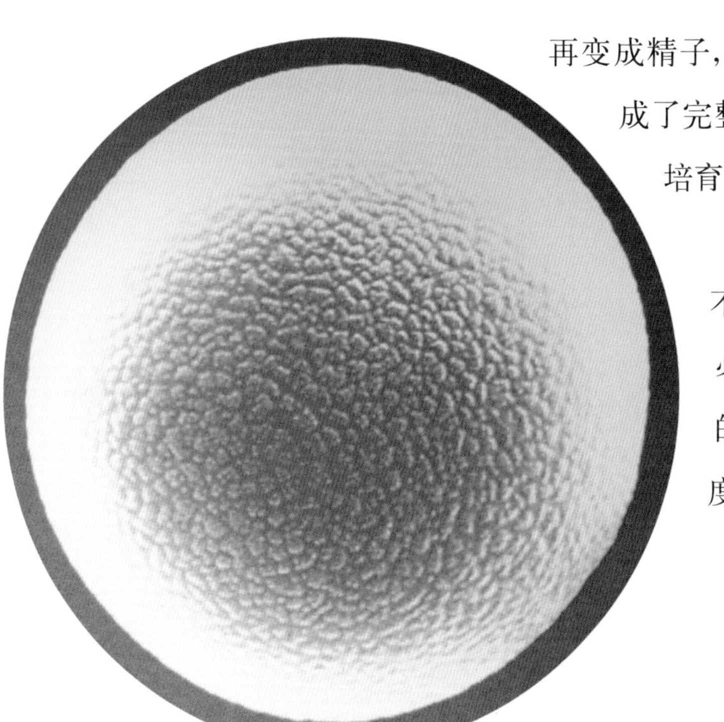
鸭茅草的花粉

再变成精子，而变成愈伤组织，最后长成了完整的植株，这就是由花粉粒培育而成的单倍体植株。

一粒花粉变成一棵植株不像种子长出幼苗那样容易，必须在人类设计的富含营养的培养基和合适的光照、湿度、温度等条件下才能实现。

曼陀罗。摄于重庆市沙坪坝区中梁镇龙泉村

6. 植物种子的太空旅行

数十亿年来地球植物的形态、生理和进化始终受地球重力的影响。通过太空育种把植物种子或枝芽放在航天器上，随后在微重力、高真空、超洁净、强辐射及大温差的宇宙空间特殊环境中对植物种子进行诱

“实践八号”育种卫星返回舱。摄于中国农业博物馆

新的事物诞生，一定发生了什么事情。英国物理学家艾萨克·牛顿（Isaac Newton，1643—1727）看见苹果掉下来，英国发明家詹姆斯·瓦特（James Watt，1736—1819）看见一壶水沸腾，德国物理学家威廉·康拉德·伦琴（Wilhelm Conrad Röntgen，1845—1923）弄雾了底片。这些人够聪明，把平常发生的事转换成崭新的东西。

——［英］亚历山大·弗莱明（Alexander Fleming）

中国航天。摄于西安太空植物博览园

变，返回地面后经过科学家连续数年的选育，最终培育出优良的品种。

通过太空育种，水稻出现了大穗、大粒、优质、高产新品系，如“航育1号”水稻新品种增产5%～10%。太空青椒枝叶粗壮，果大肉厚，单果重350～600克，比普通青椒增产20%～30%。太空西瓜的含糖量达13%以上，可溶性固形物增多，个头大。太空黄瓜，藤壮瓜多，瓜体奇大，单果重850～1100克，瓜肉清凉爽口、汁多肉嫩。太空番茄，比常规番茄增产15%以上。

太空南瓜。摄于成都会展中心

太空菜葫芦。摄于中国农业博物馆

7. 植物怎样避免近亲结婚

男女同姓，其生不蕃。

——〔春秋〕左丘明《左传》

植物体生长发育到一定阶段后，能够产生与自己相似的子代个体。绝大多数多细胞生物都有性别之分，能进行有性繁殖。

植物必须有一套精巧的策略来完成异花授粉，保证同一朵花，雄蕊与雌蕊如同胞兄妹一样，没有性的

小麦抽穗

接触，以阻止近亲结婚繁殖。

小麦（*Triticum aestivum*）连续自花授粉 30 年以上，大豆（*Glycine max*）连续自花授粉 10 年以上，其栽培价值就会丧失。所以植物需要避免近亲繁殖。

那么植物怎样避免近亲结婚？矮牵牛（*Petunia hybrida*）能够在花中产生一种核酸酶，这种核酸酶能够杀死来自同株植物的花粉，使近亲交配无法进行。报春花（*Primula malacoides*）雄蕊和雌蕊的位置使自花授粉没有可能发生。荞麦（*Fagopyrum esculentum*）同株植物的花粉落在柱头上就不能萌发。莴苣（*Lactuca sativa*）花雄蕊成熟在先，雌蕊成熟在后。甜菜（*Beta vulgaris*）花雌蕊成熟在先，雄蕊成熟在后。

8. 植物种子找新家

从植物学角度，果实的一切动机就是吸引一只饥饿的动物来吃掉自己，由此充当传播其内部种子的装置。

——［英］约翰·沃伦(John Warren)《餐桌植物简史》

植物得以幸存的关键在于它的种子的成功传播。种子远离母树对木本植物来说至关重要，因为每个单株都需要一定的空间。种子传播有人工传播、风力传播、动物传播、弹射传播和水传播。

杨树、柳树的种子靠风力传播。鬼针草（*Bidens pilosa*）的种子全身长满了倒钩刺，通过挂在动物身上进行传播。响盒子（*Hura crepitans*）的种子靠弹射传播。莲子草（*Alternanthera sessilis*）的种子则靠水传播。

鬼针草

苍耳

动物传播方式有附着传播、被食传播、偶然传播。植物种子包括一些树木种子是人工播种。动物传播种子是植物与动物一种互惠互利的关系。植物种子既要对动物有足够的吸引力，但又必须保持种子外壳一定的坚硬，以免被动物当场咀嚼。樱桃（*Cerasus pseudocerasus*）依靠动物吃下微小的果实传播种子。红豆杉（*Taxus chinensis*）种子外包一层果肉，吸引鸟类把它的种子散播出去。最理想的情况是，动物囤积了一定数量的种子，并埋藏起来，而后动物忘记了贮藏种子的位置，这样种子得以传播。种子传播最有效的方式是鸟类传播，传播的地区远比其他传播方式广阔。种子颜色不同，吸引的对象也不同。鸟类喜欢黑色或红色种子，哺乳动物喜欢黄色或褐色种子。

植物种子传播是植物迁移的一种方法，只是单个植物种子无法选择自己的道路，不像动物一样可以活动。种子传播就是外力把它带到哪儿，它就在哪儿，落到肥处迎风长，落到瘦处苦一生。一粒种子降落到合适的土壤条件中并能成苗或长大的概率微乎其微。将不计其数的种子撒向大地，假若有几万粒死去了，还有几千粒可以发芽，几百粒成苗，几十粒长成，如此一来，总有若干粒会代替母株。

杨树的种子靠风力传播

三、植物的器官与功能

落羽杉（*Taxodium distichum*）屈膝状的呼吸根。摄于华南植物园

1. 营养器官——根

根是植物的本。植物生长过程中，根始终承担着吸收、输导、贮藏、支持、固着、合成、分泌的功能。

根的初生组织由外而内依次为表皮、皮层与维管柱。表皮由充满活力、具有很强分裂能力的薄壁细胞组成，通常仅一层或数层细胞那么厚。皮层把水分与矿物质由表皮横向输送到维管柱，再由维管柱转运至植物体其他部位。皮层贮存的是由叶子经维管组织向下运送的光合产物。

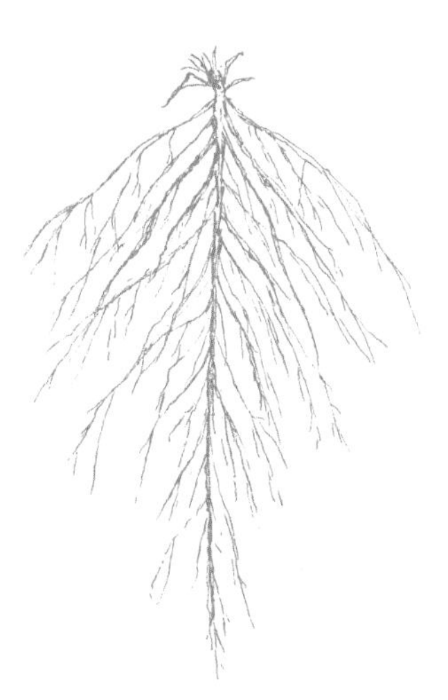

直根系（黄麻）

植物的根通常分为主根、侧根和须根。单子叶植物的根系是须根系，须根集中于土壤上层，大多数双子叶植物的根系是直根系，直根可以进入土壤深层。

根尖以下生有根毛，收集土壤水分和矿物质。根部吸收的氮有助于叶的生长，磷促进根的生长，钾有助于植物开花。根瘤位于根的表面，它是细菌生活的地方。细菌在根瘤里制造固氮酶，这种酶把大气中的氮转化成氨，植物可以吸收利用。植物体给细菌提供营养。

须根系（玉米）

木无本必枯，水无源必竭。

——〔明〕冯梦龙《东周列国志》

寄生根是吸收其他植物体内养分的根，列当、肉苁蓉与檀香树的根便是。很多植物与特定真菌具有共生关系，可以形成菌根。萝卜（*Raphanus sativus*）的根肥大臃肿，是贮藏大量淀粉和糖类的贮藏根。露兜树（*Pandanus tectorius*）树干基部长出的是气生根，以支持树干。在海滩地带红树根系伸出泥土表面以帮助植物体进行气体交换，称为呼吸根。

绞杀榕通常生长在树冠下，榕树那有黏性的种子落在树枝上面，一旦发芽，就会长出气

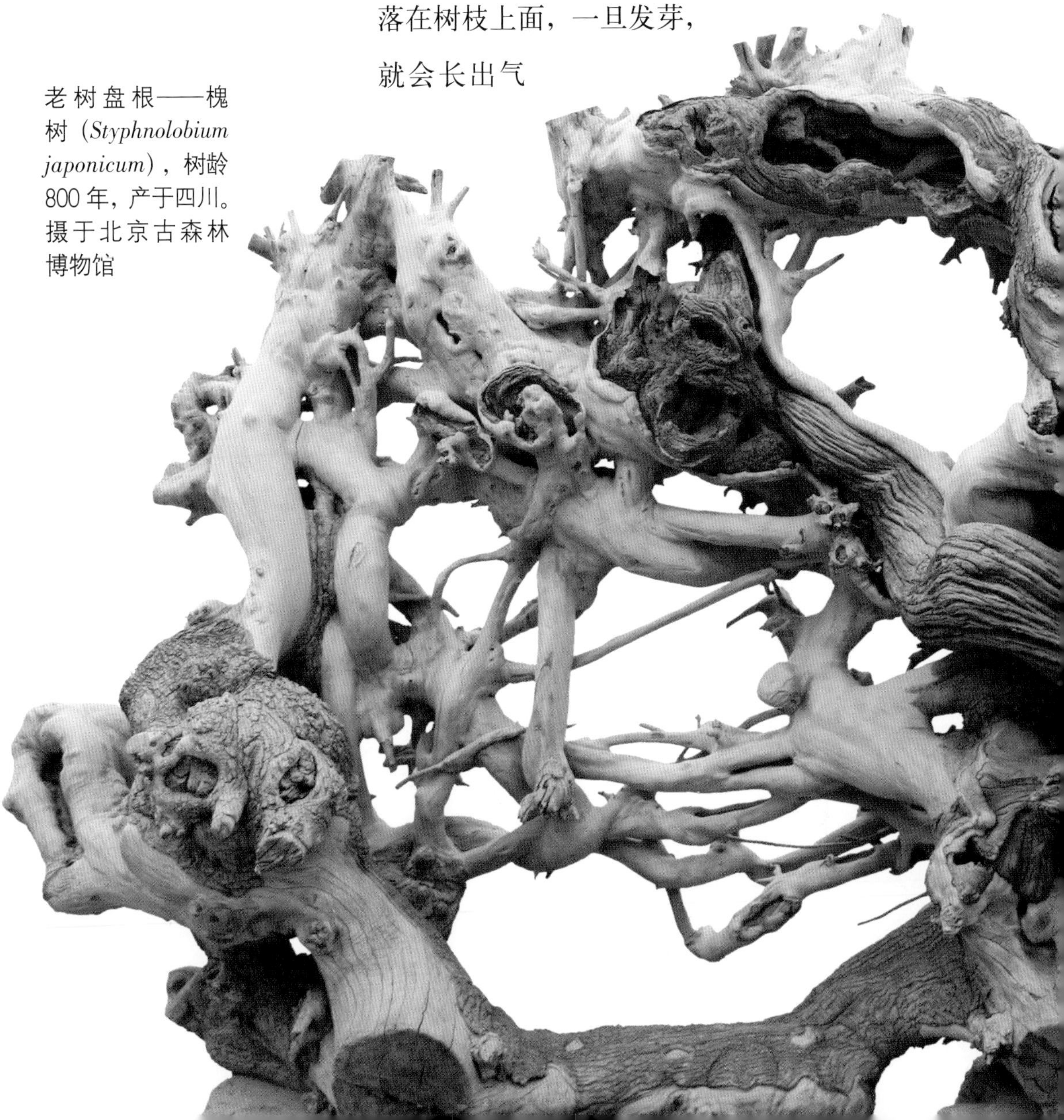

老树盘根——槐树（*Styphnolobium japonicum*），树龄800年，产于四川。摄于北京古森林博物馆

生根，一直向下在泥土中扎根。一旦从泥土中获得新的营养来源，根越生越多，和大树盘根错节纠缠在一起，最后把大树勒死。

玉米的根是支柱根。海滨乔木银叶树（*Heritiera littoralis*）发育相互交织的板根。板根在浅薄土壤中发育，可以使树干长得更加牢固。生长在亚马孙热带雨林里的吉贝（*Ceiba pentandra*）

风信子（*Hyacinthus orientalis*）的收缩根。摄于重庆七彩祥云开心农场

柏树根部。摄于日本奈良万叶植物园农场

高达70米，它的板根可以从树干突出20米，是世界上最大的板根。具有攀缘根的植物茎细长柔弱，不能直立，生出不定根，起固定作用。

树大招风，可为什么树木不易被风吹倒呢？风力通过树冠传到树干，再通过树干传到根部。大多数植物的根可以把植物固定下来。植物幼小时依靠直根来固定，大树则依靠侧根固定。侧根的作用之一是可以防止直根转动。

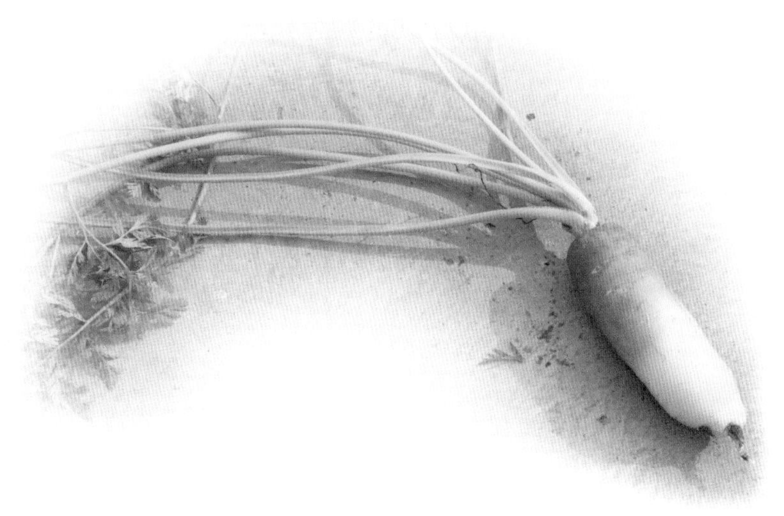

胡萝卜（*Daucus carota*）肉质根。摄于河南省唐河县

露兜树（*Pandanus tectoriusd*）的呼吸根。摄于中国科学院西双版纳植物园

2. 营养器官——茎

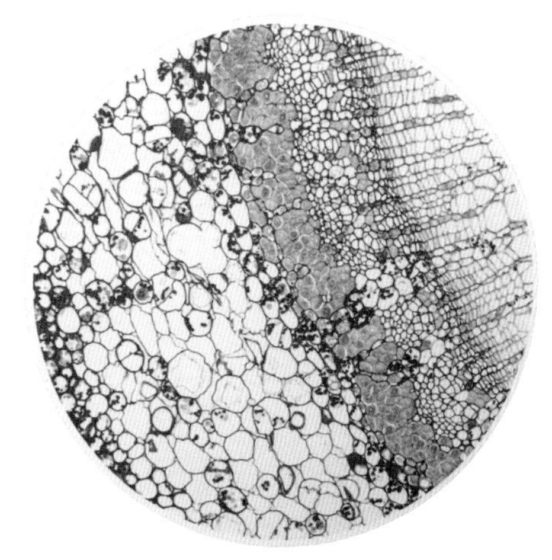
树皮。摄于成都植物园

什么是茎？茎有什么作用？树木的茎最外层是树皮，树皮是一种防水的软木结构，可以使树体内部免受病害和动物的侵扰。树皮上有皮孔，接受氧气并输送给内部的活细胞。树木外皮内是韧皮部，具有活性的组织，在韧皮部内部有一个或几个细胞厚度的形成层。厚角质层环绕在最外层，有助于茎内水分流动。

“中央有根棍子”的巨型植物开始大行其道，时至今日，大自然仍在这六万多种树木所组成的多样化迷宫中探索各式各样的出路。

——［英］麦克斯·亚当斯（Max Adams）《树的智慧》

茎是植物体的中轴部分。茎上生有分枝，分枝顶端具有分生细胞，进行顶端生长。茎具有支持和运输的功能，作为植物体的支柱，支撑着整个植物体的枝、叶、花、果。茎可以在地面上生长，也可以在地下生长。

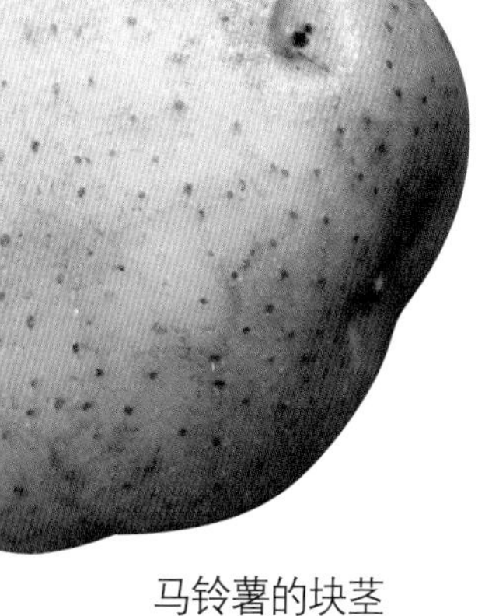
马铃薯的块茎

茎的类型具有多样性。向日葵（*Helianthus annuus*）具有直立茎，牵牛（*Ipomoea nil*）具有缠绕茎，常春藤（*Hedera nepalensis*）具有攀缘茎，白藤（*Calamus*

tetradactylus）茎最长可达 500 米，是陆地上最长的植物。马齿苋（*Portulaca oleracea*）具有斜倚茎，蒺藜（*Tribulus terrestris*）具有平卧茎，酢浆草（*Oxalis corniculata*）具有斜升茎，甘薯（*Ipomoea batatas*）具有匍匐茎，洋葱（*Allium cepa*）具有地下茎，蛇莓（*Duchesnea indica*）具有纤匐枝，马铃薯（*Solanum tuberosum*）具有块茎。

大佛肚竹（*Bambusa vulgaris*）。摄于华南植物园

植物之所以攀缘，是为了获得更多的阳光。攀缘植物的缠绕茎怎样找到支撑物？当攀缘茎和卷须侦察出支撑物时，它的生长点的一侧比另一侧生长更快，可以使茎弯曲，并向支撑物处生长。卷须之所以卷曲，是因为卷须两侧的细胞具有不同的生长速度，卷须感觉能力可能比动物的触觉还要灵敏，卷须顶端具有黏性吸盘。五叶地锦（*Parthenocissus quinquefolia*）攀爬

柿树树皮

酒瓶椰子（*Hyophorbe lagenicaulis*）。
摄于东莞隐贤山庄

就是依靠卷须顶端的黏性吸盘。

茎在适应外界环境方面，都有各自的适应方式，最终都是为了取得有利地位，使叶在一定的空间展开，获得充足阳光，制造营养物质。茎还担负着运送来自根部的水分和矿质元素的重任。植物的根、叶、花、果之间的物质交换和运输，都是通过茎实现的。有些植物如柳树的茎还具有繁殖后代的能力。

300 多年的枣树（*Ziziphus jujuba*）。摄于河南新郑

枝上有顶芽、腋芽、假生顶芽、裸芽、花芽、鳞芽、对生芽、互生芽、簇生芽。枝花猴耳环（*Archidendron ramiflorum*）、面包树（*Artocarpus incisa*）、葫芦树（*Crescentia cujete*）、番木瓜（*Carica papaya*）、榕树、可可、紫荆（*Cercis chinensis*）是老茎生花植物。

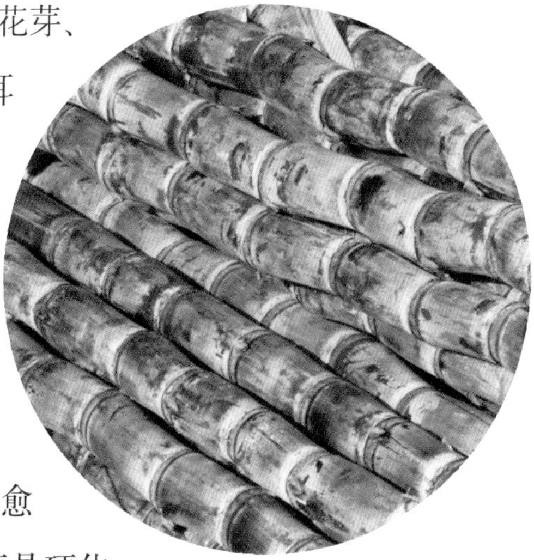

甘蔗茎干

在树木受到伤害时，茎分泌树脂可以愈合伤口。树脂会硬化或成为化石，琥珀便是硬化了的树脂。龙血树（*Dracaena draco*）分泌出红色的树脂，可以用作尸体防腐液、药材，用于木材染色，还可以阻止动物啃食或发生病虫害。

洋葱、风信子（*Hyacinthus orientalis*）的茎为鳞茎，番红花（*Crocus sativus*）、唐菖蒲（*Vaniot Houtt*）、荸荠（*Heleocharis dulcis*）、慈姑（*Sagittaria sagittifolia*）的茎为球茎。竹、芦苇（*Phragmites australis*）、白茅（*Imperata cylindrica*）、姜（*Zingiber officinale*）、黄精（*Polygonatum sibiricum*）、玉竹（*Polygonatum odoratum*）具有膨大的茎，为贮藏养分的根状茎。此外还有块根茎。芭蕉树（*Musa basjoo*）生长在地上部分为重叠的叶鞘，而它的茎为地下的根状茎。

3. 营养器官——叶

人若想成为世界的一部分，就应该再次聆听叶子的簌簌声。

——皮埃尔·利厄塔基

什么是植物的叶？叶由叶片、叶柄和一对托叶组成。叶片是叶柄顶端的宽扁部分，大小和形状随植物的不同而不同。叶片有表皮、叶肉和叶脉。叶肉细胞是植物进行光合作用的地方。叶脉连接叶肉细胞，叶面角质层防止水分蒸腾。叶表皮多由单层细胞构成，上有气孔。叶表皮上的气孔是植物呼吸和蒸腾作用发生的门户。植物的首要任务是把叶片安装在最有机会取得光照的位置，利用叶绿素进行光合作用。叶为整个植物体生产食物。

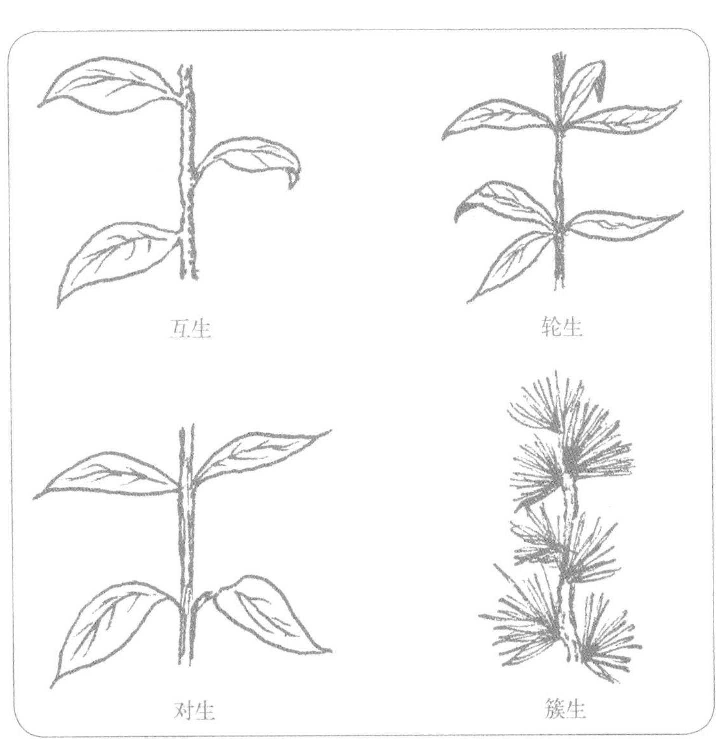

叶序

叶有常绿叶和凋落性叶。冬天形成的叶芽，一旦春季到来就可以继续成长。叶芽里面有微小的芽及层叠在一起的微小的叶子。

着生在茎上的叶叫茎生叶，着生在极短茎上的、好像从根上生出的叶叫基生叶。基生叶集中生成莲花状叫莲花状叶丛。

叶在茎或枝上排列的方式即叶序，叶序有互生、对生、轮生、簇生。

叶的形状多种多样，有鳞形、长圆形、披针形、倒披针形、条形、匙形、椭圆形、卵形、盾形、心形、倒心形、倒卵形、菱形、三角形、戟形、箭形、肾形、窗形等。

红柄甜菜（*Beta vulgaris*）。摄于成都蔚然花海

叶缘有全缘、深波缘、深裂缘、锯齿缘、缺刻缘、牙齿缘、具刺缘、凹波缘、凸波缘。

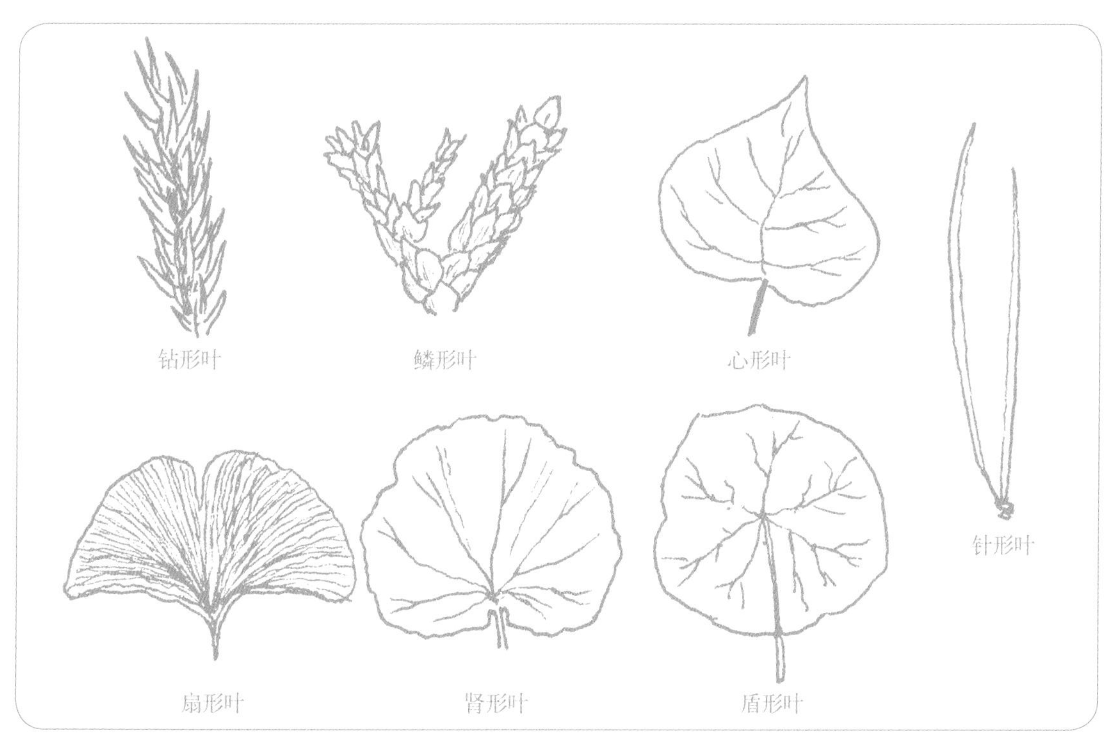

叶形

河柳（*Salix chaenomeloides*）。
摄于河南淅川县李华庄村

叶裂有羽状浅裂、羽状深裂、羽状全裂、掌状浅裂、掌状深裂、掌状全裂。

有些植物托叶变成刺，如刺槐；有些植物顶端小叶转变成卷须，如豌豆。

酸豆（*Tamarindus indica*）为一回羽状复叶，合欢（*Albizia julibrissin*）是二回羽状复叶，蕨类植物具有三回羽状复叶。箭叶橙（*Fortunella hystrix*）为单身复叶，李叶豆（*Hymenaea courbaril*）为二小复叶，车轴草是三出复叶，南国田字草（*Marsilea crenata*）是四小叶复叶，七叶树（*Aesculus chinensis*）

叶裂

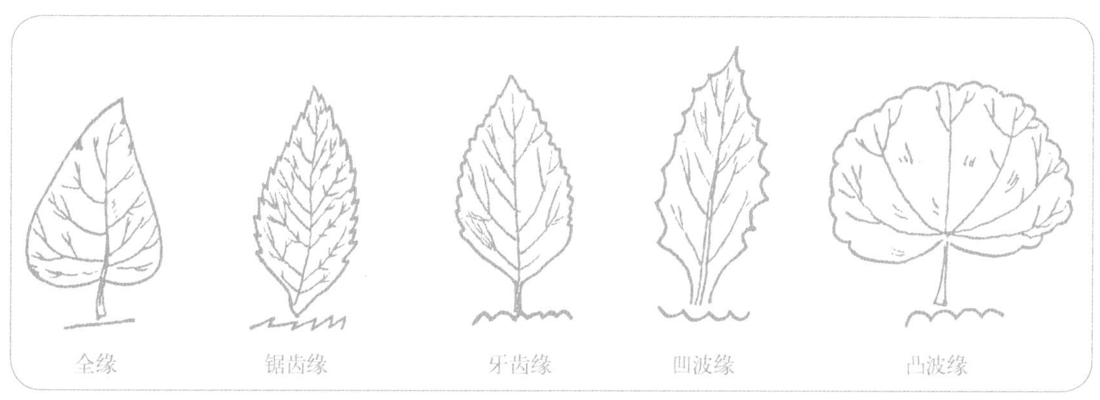

叶缘

为五小叶掌状复叶，大麻（*Cannabis sativa*）为多小叶复叶。

原产巴西的长萼大叶草（*Gunnera manicata*）叶的直径可达 3 米。酒椰属植物叶长可达 25 米。

叶毛有什么用处呢？叶毛有防冻、吸收水汽、反射阳光、防止过热的功能。

彩叶。摄于日本

4. 生殖器官——花

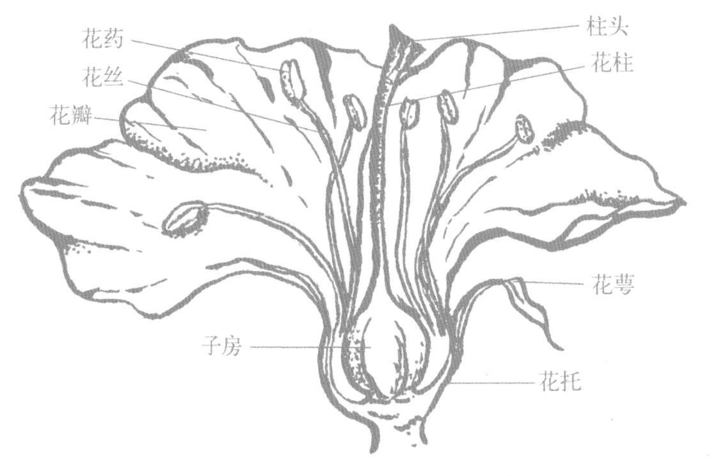

花的构造

什么是植物的花？花是植物的生殖器官，由不分枝的芽变来。典型的花朵是由 4 ～ 5 圈分工高度明确的部分组成，最外圈的花萼是由萼片围成的杯状结构，往里一圈是花冠。花冠有十字形花冠、筒状花冠等。花瓣内侧着生有 1~2 圈雄蕊，也就是植物的雄性器官。雄蕊由花丝和花药两部分组成，花药为囊状结构，在花丝顶部。雌蕊在花的中央，由柱头、花柱、子房三部分组成。子房前端有花柱，最前面有柱头，花粉落在柱头上，向胚珠长出花粉管。雄配子沿着花粉管到达雌配子处，与雌配子结合，然后发育成种子。

花粉粒直径一般为 20 ～ 80 微米，最大的花粉粒

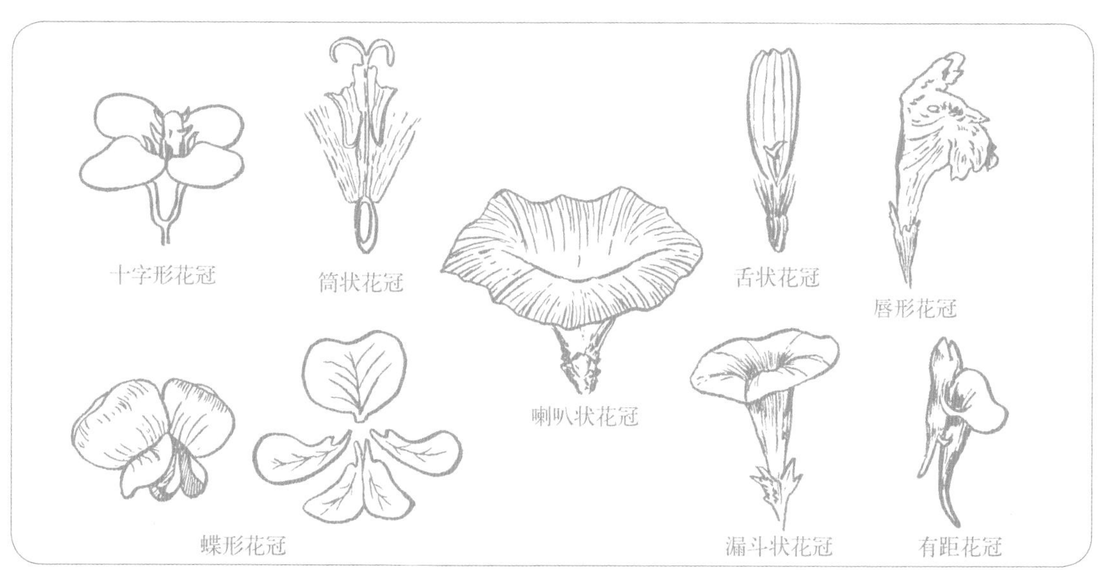

花冠的类型

直径达500微米。草垫毛茛（*Ranunculus acris*）花粉粒直径0.025毫米。花粉粒的大小、形状、纹饰各不相同。

花色最引人注目的是花瓣、花冠、花被的颜色。有人对4197种花的颜色做了一个统计，最多的是白色花，其他依次为黄色、红色、蓝色、紫色、绿色、橙色、茶色、黑色，还有很多相同或混合的颜色。不同的昆虫喜欢不同的花色，如蓝色花、紫红色花受蜜蜂追捧，黄色花受蝶类、胡蜂、蜜蜂喜爱，粉红色花受蛾类、蝶类喜爱，红色和橙色花为鸟类所喜爱，白色花受甲虫、蝶类、蝇子、蛾类喜爱。

我的心追随着，模拟着花朵吐蕊的情状，由于它开得如此漫不经心，我把它想象成一位活泼而心野的白衣少女，正眯着细眼在娇媚地摇晃着脑袋。

——［法］马塞尔·普鲁斯特（Marcel Proust）《追忆似水年华》

花蜜是植物的终极诱惑。在花中，常见的蜜腺着生部位在子房基部、雄蕊特别是花丝的基部和花瓣的基部。蜜腺深藏于花中，迫使蜜蜂必须经过植物的生殖器官才能到达。花蜜是植物花蜜腺分泌的液体，味甜，是糖的水溶液。不同的花分泌的花蜜在颜色、口味上都有所不同。大多数花蜜是凭借气味来吸引授粉

三角梅（*Bougainvillea spectabilis*）

红掌

者。植物通过花色和气味向传粉者宣告花蜜存在，可以前来采集。一些植物的花只允许特定的传粉者进入花中，以实现精确传粉。

苏门答腊岛热带雨林中的巨魔芋有世界上最大的不分枝花序，它的花序有强烈的腐肉气味，所以又叫它腐尸花。巨魔芋球茎重达 50 千克，是植物界最大的球茎。开花时长仅24～36个小时，此后凋谢，3～10年开花一次。花的组成有肉质、中空的肉穗花序，带褶边的佛焰苞，数以百计的微小花朵在巨大的佛焰苞下面。

百合花

大花草（*Rafflesia arnoldii*）花的直径约1米，重达11千克，是世界上最大的花。大花草，肉质、寄生草本，无叶绿素，寄生于植物的根、茎或枝条上，吸取营养的器官退化成菌丝体状，侵入寄主的组织内。叶退化成鳞片或无。花通常单生，辐射对称。花有腐肉气味。

有些花特别耐低温。金缕梅在最低气温-20℃、白天最高气温零度以下，仍可连续开放几周。它的花瓣白天展开，夜晚常常卷起。

菊花

有些花为鸟类而开，血红半边莲（*Lobelia*

地涌金莲（*Ensete lasiocarpum*）

tupa）的花就是为蜂鸟设计的。

有些花为兽类而开，银佛塔树（*Banksia margintana*）具有粗壮的穗状花序，花序上的花可以吸引鸟和小型哺乳动物前来采集花蜜。澳大利亚的倭负鼠就以它的花粉和花蜜为食。龟纹木棉（*Bombax ellipticum*）的主要传粉者是蝙蝠。

黄花风铃木（*Handroanthus chrysanthus*）

5. 生殖器官—果实

> 需要以一种原始的或野生的角度去欣赏野果的美味。
>
> ——［美］亨利·戴维·梭罗（Henry David Thoreau）《野苹果》

什么是果实？有什么作用？植物的果实是从白垩纪进化而来的。直到1694年，法国植物学家约瑟夫·皮顿·德·图尔纳弗（Joseph Pitton de Tournefort）将果实定义为“花的产物”。果实的作用，一是保护种子，二是成熟的果实招惹动物前来饱食。果实使动物与植物之间建立起一种共生关系。当种子准备远走他乡的时候，果实便成熟了。植物乐意牺牲果肉，以引诱动物送种子去远方。

荔枝（*Litchi chinensis*）

果实是怎样产生的呢？花药上的细胞产生花粉粒→花粉落到柱头上→花粉粒萌发的花粉管伸入胚珠、精子穿过花粉管与卵细胞融合→胚珠发育成种子、受精卵发育成胚→

乳茄（*Solanum mammosum*）

菠萝蜜（*Artocarpus heterophyllus*）。摄于广西合浦县星岛湖

子房和其他结构发育成果实。

果实一般有果皮和种子两部分。

根据果实来源，可分为单果、聚合果和聚花果。

成熟果实的果皮或脱水干燥，或肉质多汁，因此将单果分为干果与肉质果。

干果分为裂果和闭果。在裂果中，刺槐果是荚果，白兰（*Michelia alba*）是蓇葖果，油菜是角果，蓖麻

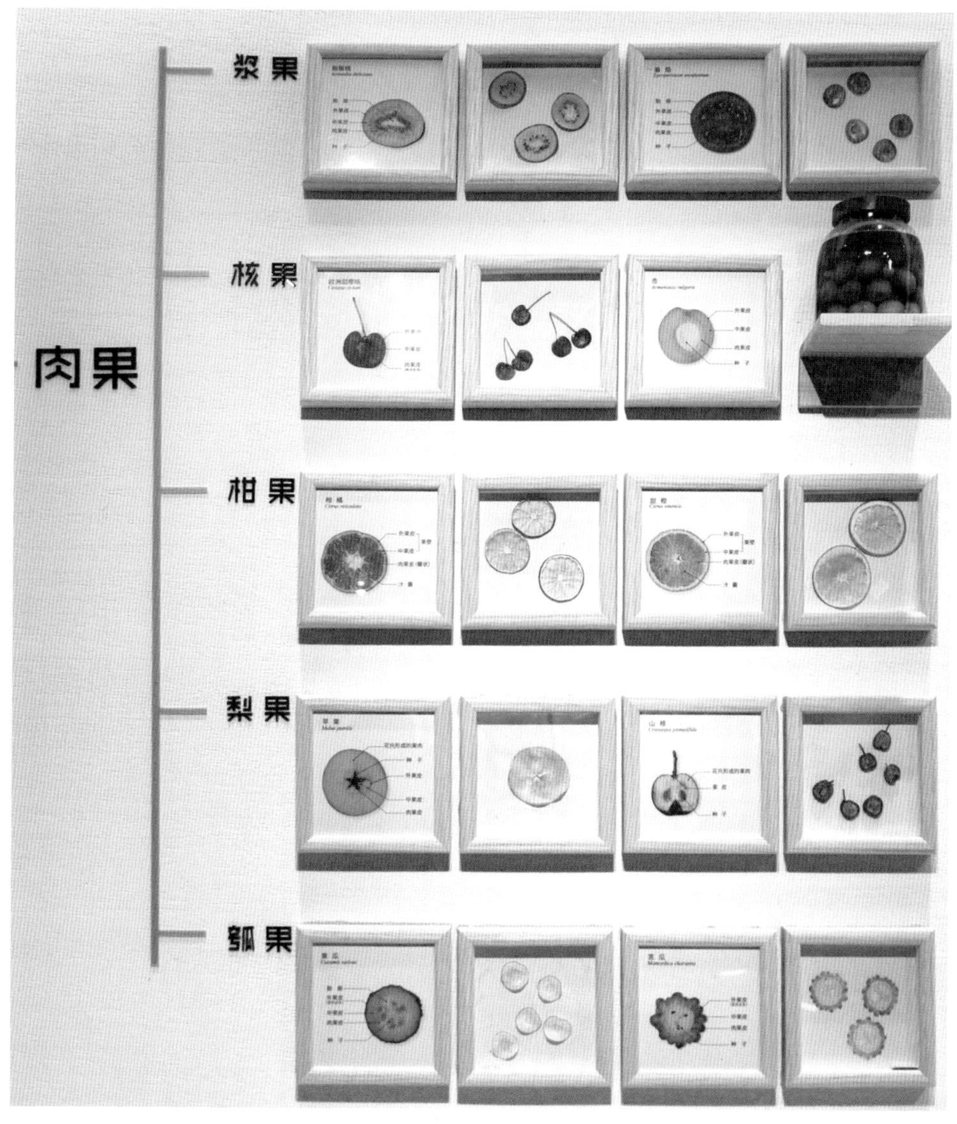

果实类型。摄于秦岭植物园

（*Ricinus communis*）是蒴果。

在闭果中，向日葵是瘦果，板栗（*Castanea mollissima*）是坚果，小麦、玉米是颖果。

肉果分为浆果、核果、柑果、瓠果、梨果、聚合果、聚花果等。番茄（*Lycopersicon esculentum*）是浆果，桃（*Prunus persica*）是核果,柑橘（*Citrus reticulata*）是柑果，西瓜是瓠果，覆盆子（*Rubus idaeus*）是聚花果。芭蕉植物有细长的果实,即浆果。我们食用的香蕉就是浆果，没有种子，但野生的有种子。

榴莲（*Durio zibethinus*）

6. 生殖器官——种子

什么是植物种子呢？美国生物学家索尔·汉森（Thor Hanson）著的《种子的胜利》一书指出：种子是一个带着午餐藏在盒子里的植物婴儿。一粒种子有三个基本组成部分：植物的胚胎——婴儿，种皮——盒子，某些营养组织——午餐。种子贮备了植物出生最初几日的食物，即根、茎、叶初期生长所需要的物质和能量。被子植物和裸子植物的种子结构是相同的，二者只是种子发育时有包裹和没有包裹的差异。被子植物的种子在果实里成熟，裸子植物的种子在球果内

能够做母亲往往是一种强烈的欲望。

——［法］薇罗尼克·巴罗（Veronique Barrau）《花草物语：传情植物》

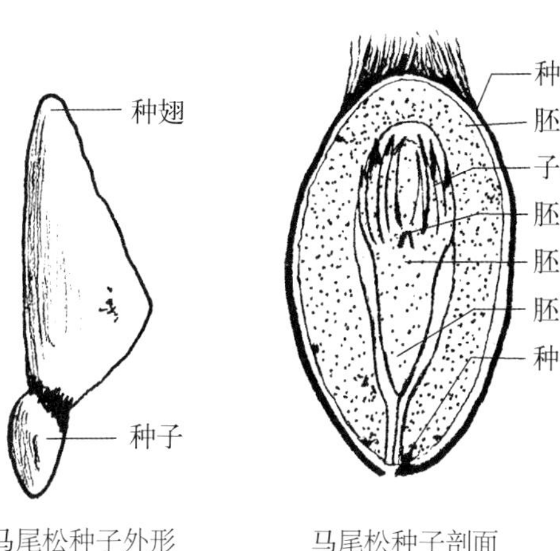

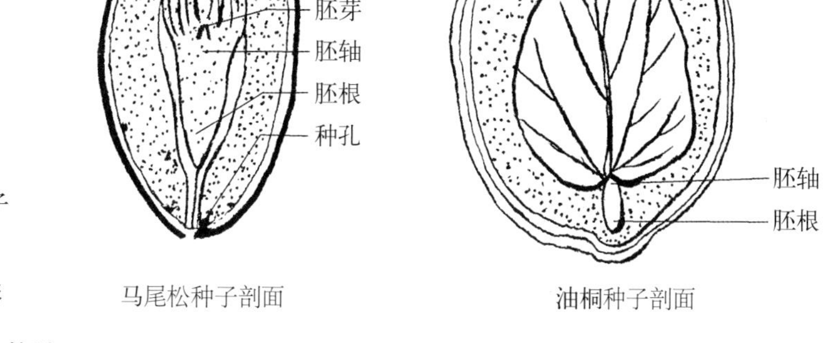

马尾松种子外形　马尾松种子剖面　油桐种子剖面

有胚乳种子的构造

板栗（*Castanea mollissima*）

莲子（*Nelumbo nucifera*）

成熟。种子由胚珠经过传粉受精形成，具有保护胚与胚乳的功能。胚是幼小的植物体，包括子叶、胚芽、胚轴和胚根。

种子颜色丰富多彩，单就豆类来说，有红色、黄色、紫色、黑色、白色，还有的带复色斑纹。

种子大小悬殊。在塞舌尔群岛上，有一种树叫海椰子（*Lodoicea maldivica*），单个海椰子果实重 25 千克，是世界上最大的种子。世界上最小的种子是斑叶兰（*Goodyera schlechtendaliana*），每粒重量仅有二百万分之一克。

种子撒播到距离母树越远的地方越好，可以减少同种之间的竞争，也减少亲缘关系较近的植物之间的异花授粉导致的风险。

种子落到合适的地方后即可发芽，或者待条件合适的时候再发芽。种子发芽第一步长出根，第二步两片子叶发芽，开始进行光合作用，进入一个新的生命轮回。

四、植物的生理特征

蛇床。摄于甘肃祁连山区山丹马场

1. 植物是多细胞真核生物

1665年，英国物理学家罗伯特·胡克（Robert Hooke）制成第一台显微镜，他把软木切成薄片，在显微镜下发现软木是由蜂窝状的小空洞组成的，他把这种蜂窝状的小空洞结构称作cell，从此人类走进了细胞时代。

要是我们能够进入那间镜屋该有多好啊！我敢肯定那里面，嗯，一定会有五彩斑斓的宝贝。

——［英］刘易斯·卡罗尔（Lewis Carroll）《爱丽丝漫游仙境》

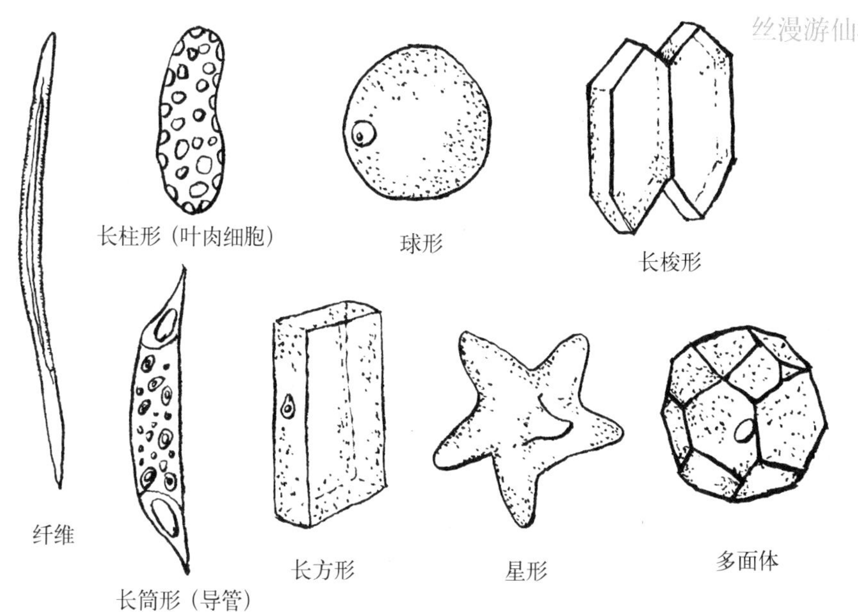

细胞的形状

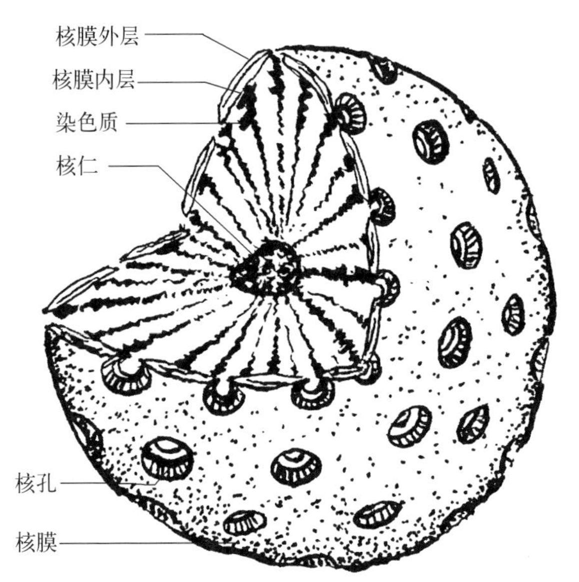

细胞核超微结构图

各种细胞的大小悬殊，高等植物细胞 10 微米～10 毫米，最小的细胞是支原体，直径 1000 埃，而一株棉花（*Gossypium herbaceum*）的纤维长度有 40 毫米。

细胞的形状也各不一样，有长柱形、球形、长梭形、纤维、长筒形、长方形、星形、多面体。

植物细胞由原生质体和

棉花

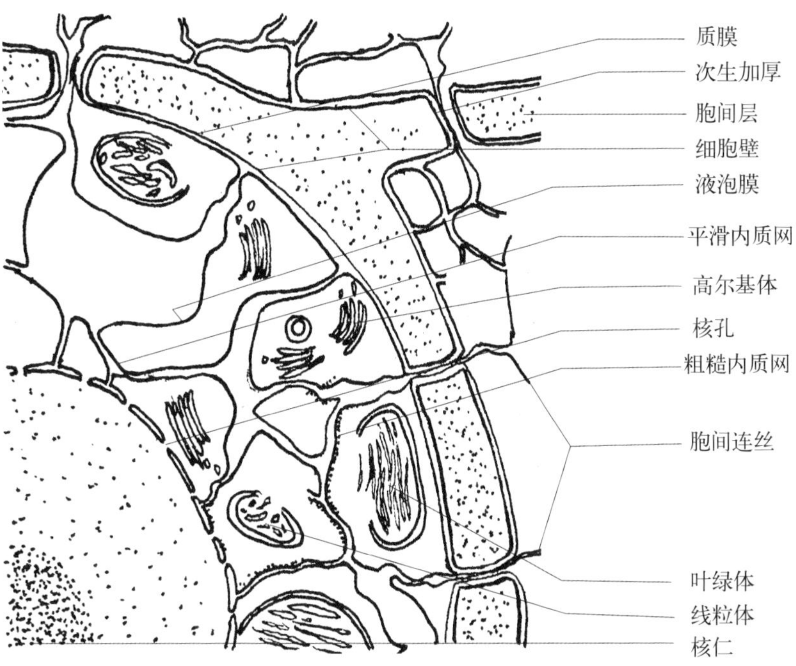

植物细胞结构

细胞壁两部分组成。真核细胞都具有典型的细胞核，即有核膜、核仁及其他内含物，细胞质内还有一些相对恒定的和具有一定生理功能的细胞器，如内质网、线粒体、高尔基体、中心体或质体。

细菌、病毒、蓝藻、支原体是原核细胞，它们没有细胞核，只有核物质。

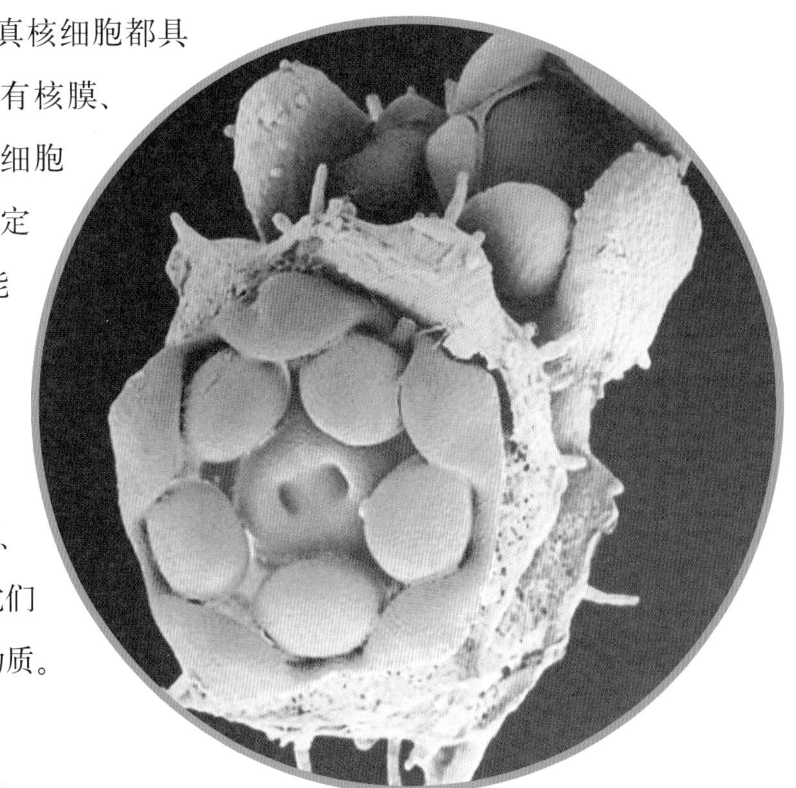

拟南芥叶子的微管细胞

2. 植物与动物的区别

我们必须从植物的形态，它们在外界条件下的行为，其生长模式以及整个生命历程的角度思考植物有别于他物的特质及普遍本质。

——［古希腊］泰奥弗拉斯托斯（Theophrastus）

1737 年，瑞典植物学家卡尔·林奈（Carolus Linnaeus）把生物分为植物界和动物界。

动物、植物生活在同一片蓝天下，是密不可分的好伙伴。虽然动物和植物表现出截然不同的形态，但它们都由细胞构成。它们都使用脱氧核糖核酸作为遗传物质，用相同的密码为蛋白质中的氨基酸序列编码，用相同的 20 种氨基酸组成蛋白质，都通过电子传递链将食物分子中的化学能合成高能化合物三磷腺苷，都用磷脂构建生物膜……

植物与动物也有许多不同之处：多数植物是固定生活，动物可以移动，但是有的低等植物可以运动。多数植物具有相当坚固的纤维素结构的细胞壁，多数植物具有丰富、持久而活跃的胚性组织，多数植物能够进行光合作用。绿色植物担负着整个生命的营养合成，非绿色植物起分解作用，使地球物质和能量往复循环。植物虽然不具有像动物体内的中枢神经系统的结构，但却可以通过体内信号物质、树液等将感知的信号在细胞之间进行传递。含羞草（*Mimosa pudica*）受到外界刺激时，体内的水分可以从叶枕的下半部分转移到叶枕上半部分，导致含羞草叶片蜷曲。

植物与动物虽然有不同之处，但是它们的生命目标是相同的，即存活下去，并通过繁殖保证生命的延续。

植物或动物。摄于北京世界园艺博览会

3. 光合作用

约瑟夫・普利斯特利

尤里乌斯・冯・萨克斯

1771 年，英国化学家约瑟夫·普利斯特利（Joseph Priestley）发现，将点燃的蜡烛与绿色植物一起放在密闭的玻璃罩内，蜡烛不容易熄灭；将小鼠与绿色植物一起放在玻璃罩内，小鼠不容易窒息而死。这证明植物可以更新空气。这是光合作用研究的开端。1864 年，德国植物学家尤里斯・冯・萨克斯（Julius von Sachs）证明了绿色叶片在光合作用下产生了淀粉。1880 年，德国科学家思吉尔曼证明了叶绿体是绿色植物进行光合作用的场所，氧是叶绿体释放出来的。20 世纪 30 年代美国科学家鲁宾（S.Ruben）和卡门（M.Kamen）证明了光合作用释放的氧全部来自水。

蓝藻类开创了光合作用。原始的原核细胞摄入蓝藻后，蓝藻并没有被该细胞消化，而是寄居在原核细胞里。作为补偿，蓝藻为宿主细胞提供了大量的有机物。后来，蓝藻的细胞结构演变成了叶绿体。通过共生，单细胞生物可以通过叶绿体获得养分。

光合作用场所位于叶绿体，能量来源于光能，原料为二氧化碳和水，产物是储存能量的有机物和氧气。叶绿体不吸收绿色光，它吸收蓝光和红光进行光合作用。光合作用使植物不仅为自己生产了食物，也哺育了动物。

人类所利用的煤炭、石油、天然气都是远古时期植物通过光合作用产生的。

绿色植物进行光合作用产生氧气，氧气使天空呈蓝色。

植物构成生命的基础。通过神奇的光合作用，阳光中的能量被转化成人类所需的物质——食品、衣物、住所、燃料、香水、药品以及不得不提的氧气。

——［美］彼得·汉·雷文（Peter H.Raven）

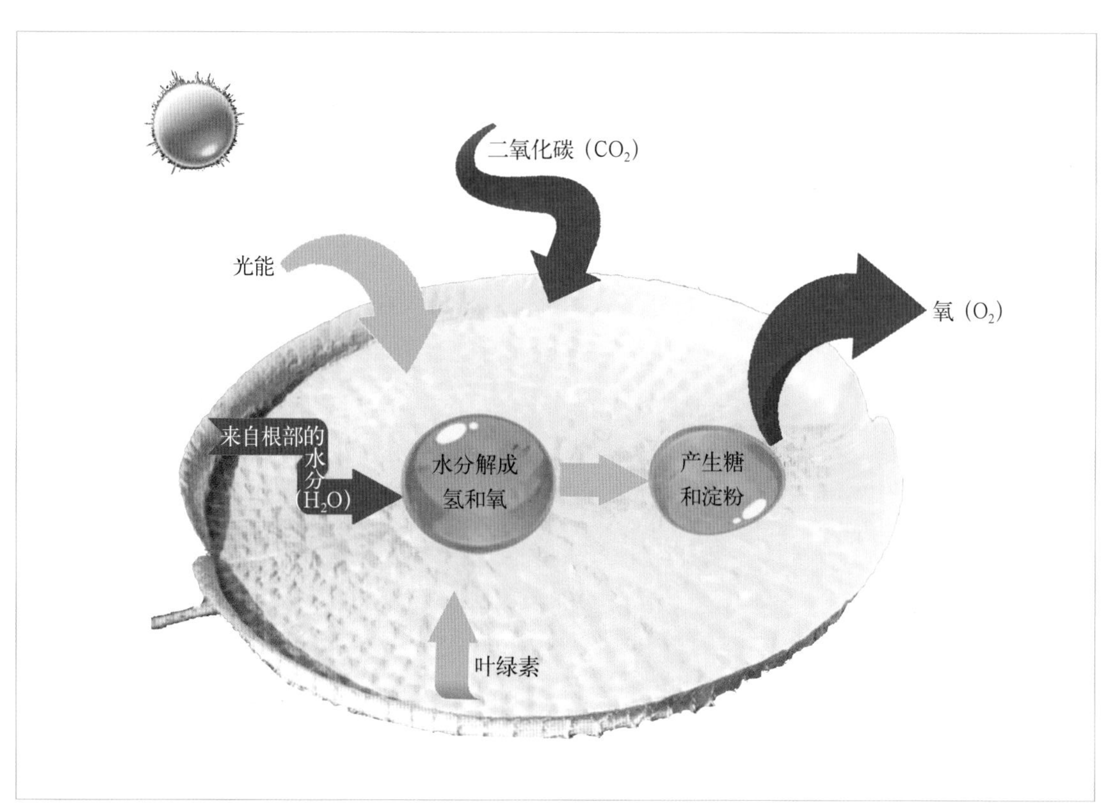

王莲叶片正在进行光合作用

4. 呼吸作用

能究其本根而枝叶自举。

——〔宋〕苏辙《宋子仪大理寺丞》

地球上最初的生命是厌氧呼吸，后来叶绿素产生了，由叶绿素向生物体提供营养物质，生物体不再依赖厌氧呼吸，厌氧微生物便进化成需氧微生物。除真菌和细菌能进行厌氧呼吸外，高等植物在缺氧时也能进行厌氧呼吸。

需氧呼吸的生物必须从大气中吸取氧气用于氧化体内的有机物质。高等植物的呼吸基质是葡萄糖、果糖、蔗糖和淀粉。主要呼吸途径是糖酵解和三羧酸循环，还

红杉林树木正在呼吸。摄于新西兰

正在呼吸的植物。摄于北京世界园艺博览会

有磷酸戊糖、乙醛酸和光呼吸等。

呼吸作用对植物很重要。首先，呼吸作用能为生物体的生命活动提供能量。呼吸作用释放出来的能量，一部分转变为热能而散失，另一部分用于生物体的各种生命活动，如细胞的分裂、植物的生长、矿质元素的吸收。植物在呼吸过程中所产生的一些中间产物，可以成为合成体内一些重要化合物的原料。

5. 多彩的树皮

只有木本植物才有树皮，蕨类和单子叶植物没有树皮。树皮是木本植物形成层以外的所有组织，主要为死组织，由木栓形成层产生。树皮通常较茎部的木质部薄，由形成层产生，一般呈棕色。然而，有些树木的茎干或枝条具有鲜艳的其他色彩。

树皮就是树的外衣。树皮既能抵御外部雨水对树的侵袭，也能保护树木内部水分，而且还能抵御严寒酷暑，以及外界对树木的其他伤害。

——[法] 让-亨利·卡西米尔·法布尔（Jean-Henri Casimir Fabre）《法布尔植物记》

金枝槐。摄于郑州黄河滩

小琴丝竹（*Bambusa multiplex*）。摄于昆明植物园

分布于加拿大至墨西哥的颤杨（*Populus tremuloides*），纯白色的树皮，可以保护树木不吸收过多的阳光，避免灼伤。粉单竹（*Bambusa chungii*）具有灰白色粉的竿秆；梧桐（*Firmiana simplex*）树皮呈绿色；毛山楂（*Crataegus maximowiczii*）具有橙色的树皮；红瑞木（*Cornus alba*）的树皮呈深红色；白桦（*Betula platyphylla*）树皮光滑如缎，呈乳白色；黄金槐（*Styphnolobium japonicum* 'Flaves'）树皮黄袍加身；血皮槭（*Acer griseum*）树皮呈赭褐色；赤枫（*Acer palmatum* 'Sangokaku'）树皮红飞翠舞。

白桦。摄于内蒙古锡林浩特

6. 彩叶植物

我们被绿色植物生成的环境所包围，比如西双版纳四季常绿，但是仅仅一种颜色，往往使我们的生活显得单调，缺乏色彩斑斓的活泼生机。彩叶植物的叶色丰富多彩，观赏期伴随整个植物生长发育期，是观花植物不可替代的。

侯元凯的《世界彩叶植物名录》，是我国第一部彩叶植物种质资源名录，记录了彩叶植物近万种。

植物的芳香、色彩与味道，带给我们的快乐始终如一。

——［法］安妮-弗朗丝·多特维尔（Anne-France Dautheville）《植物园》

杨树

山漆茎（*Glochidion lutescens*）。摄于澳大利亚

金叶复叶槭（*Acer negundo*）

扶桑（*Hibiscus rosa-sinensis*）。摄于澳大利亚

植物叶片细胞中色素有叶绿素、类胡萝卜素和花青素。类胡萝卜素分为胡萝卜素和叶黄素两类。胡萝卜素使叶片呈现橙色，叶黄素使叶片呈现黄色，花青素使叶片呈现红色。这几种色素在细胞中的含量决定了植物的叶色。花色素苷存在于细胞液中，以糖苷的形式存在，具有吸光性而表现出粉色、紫色、红色及蓝色。

沙枣（*Elaeagnus angustifolia*）。摄于莫斯科

直干桉（*Eucalyptus maideni*）叶面覆有管状蜡质，使叶面呈现银白色。叶片上的蜡质，使昆虫难以在叶上面停留。

一个叶片上有两种以上颜色就是花叶，它们是嵌合体。花叶植物叶片上有白色斑，昆虫会认为这种叶片是已经被蚕食过的，昆虫就不再对其侵害了。

彩叶植物在微风吹拂下及阳光照耀下，可形成特殊的光影效果，亦真亦幻，美妙绝伦。

7. 色艳味美的果实

> 糖的哄骗，使得苹果走出了哈萨克斯坦的森林，穿越了欧洲，到达北美海岸，最终进入约翰·查普曼独木舟。
>
> ——［美］迈克尔·波伦（Michael Pollan）《植物的欲望——植物眼中的世界》

在未成熟的果实中，果实没有甜的味道，甚至有苦涩味道，这是因为果肉中有有机酸，如柠檬酸、苹果酸、酒石酸等。植物可以避免动物前来取食果实，因为此时种子尚未成熟。

成熟果实为什么具有甜味呢？果实成熟后，淀粉转化成蔗糖等可溶性糖，果实具有甜的味道。成熟的果实单宁被氧化或凝结成胶状物质，涩味不复存在。

成熟的果实为什么具有芳香味道呢？这是因为成熟的果实里具有酯类物质和一些特殊的醛类物质。

成熟的果实为什么会变软呢？成熟的果实果肉细胞壁中层的果胶质变为可溶性的果胶，使果实由硬变软。

杧果

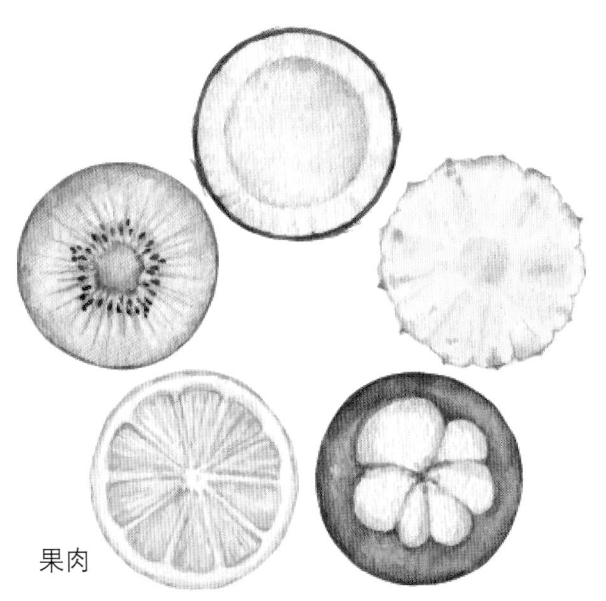

果肉

果肉中淀粉粒的消失，也会使果肉变软。

成熟果实的颜色为什么由绿色变成鲜艳的色泽呢？这是因为果实内的叶绿素被破坏，原有的类胡萝卜素使果实呈现红色、黄色或橙色，也有一些红色是以形成的花色素所呈现的。

苹果。摄于辽宁营口

8. 植物的克隆

克隆——植物复制一个自己。大多数情况下，植物是通过种子繁殖的。现在亦可用花粉粒、一个高等植物细胞或者一截茎段培养成新植株。

神迹与自然并不相悖，只是我们对自然的理解相悖。

——［古罗马］圣·奥勒留·奥古斯丁（Saint Aurelius Augustinus）

为什么一粒花粉，或一个细胞，能繁殖出几十万甚至上百万株与亲本一模一样的植株？因为植物体内的细胞，都来源于一个受精卵的均等分裂，使子细胞获得了同母细胞一样的染色体，即细胞经分裂和分化后，仍具有形成完整有机体的潜能。在多细胞生物中，个体细胞的细胞核具有个体发育的全部基因，只要条件许可，个体细胞的细胞核都可发育成完整的个体。

植物育种学家通过克隆保存需要的品种，研究植物生长和分化规律，开展生物工程。各种基因转移和基因重组技术可快速繁殖植物种苗，并能保持母株植物原有的性状。

泡桐克隆

9. 耐淹的植物

浮萍寄清水，随风东西流。

——〔东汉〕曹植《浮萍篇》

落羽杉

从起源上来看，所有植物最初都是水生的。然而大多植物被水淹会导致饥饿、衰老、毒害而死亡，主要原因是水中氧气不足。

耐水淹的植物如黑藻（*Hydrilla verticillata*）是沉水草本，满江红（*Azolla imbricata*）是小型漂浮蕨类植物，水葫芦（*Eichhornia crassipes*）是浮水草本，浮萍（*Lemna minor*）是漂浮植物。它们常年在水中生活，为什么淹不死呢？

水生植物的茎是空心的，有发达的通气和排水组织，其茎叶有许多容纳空气的气腔，气腔与周围通气管道相连，组成完善的通气系统。叶从空气中吸收的氧气，通过通气组织输送到植物体各个部分，保

证体内正常呼吸的需要，也便于在水中漂浮。水生植物具有发达的排水系统，当植物体内水分过多，可将体内过多的水分排出。

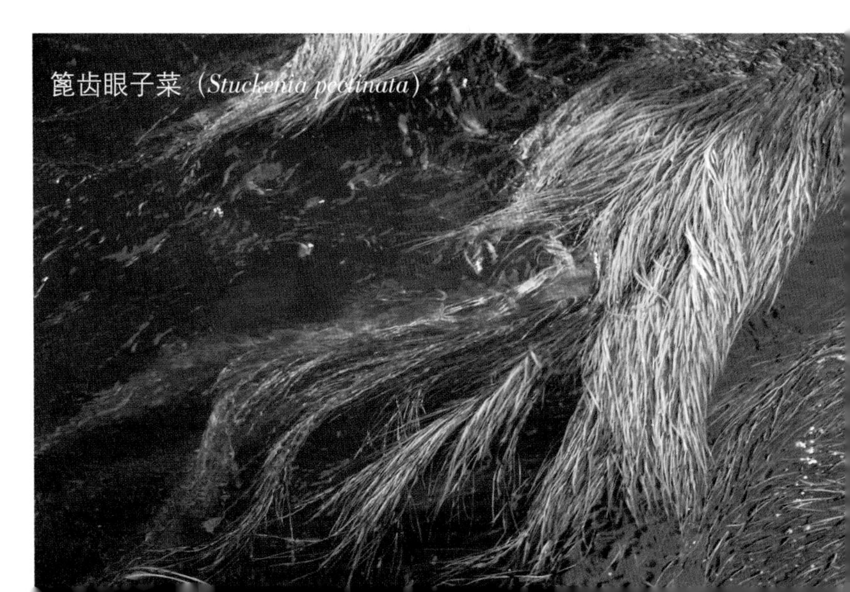

篦齿眼子菜（*Stuckenia pectinata*）

越南百叶（*Rotala* ‘Vietnam’）

红杆水竹芋（*Thalia geniculata*）

水生植物为水鸟、昆虫和鱼类提供食物来源和栖居场所，从而保存了水生环境的生物多样性。水生植物吸收水体中的污染物，改善水体质量。

常见的水生植物睡莲是被子植物所有类群中最古老的支系之一。莲叶表面具有微小凸起，以及一层防水的蜡状角质层，水在叶上不会停留，会很快流走，有利于叶片进行光合作用，因而荷花出淤泥而不染。

芦苇（*Phragmites australis*）

10. 耐旱的植物

眼见风来沙旋移，
经年不省草生时。
莫言塞北无春到，
总有春来何处知。
——〔唐〕李益《度破讷沙二首》

沙漠植物可以忍受干旱环境，顽强生长，永不消亡，这是为什么呢？生长在沙漠的植物面临着强蒸腾和植物根部供水不足等问题，但能够保持这种平衡的植物种类非常有限。为了维持水分的供应，许多生长在沙漠里的植物叶子变得细小或叶片丧失，或具有较厚的角质层和内陷的气孔，这样可以减少水分的丢失。

在南美洲的大草原上，有一种树叫纺锤树（*Cavanillesia arborea*），树干中间膨大，最粗处直径可达 5 米，形状像纺锤。树木在旱季来临时落叶，雨季时长叶，依靠雨季树干中贮藏的水分度过旱季。一株纺锤树树干内可贮水两吨之多，是世界上贮水本领最大的树。

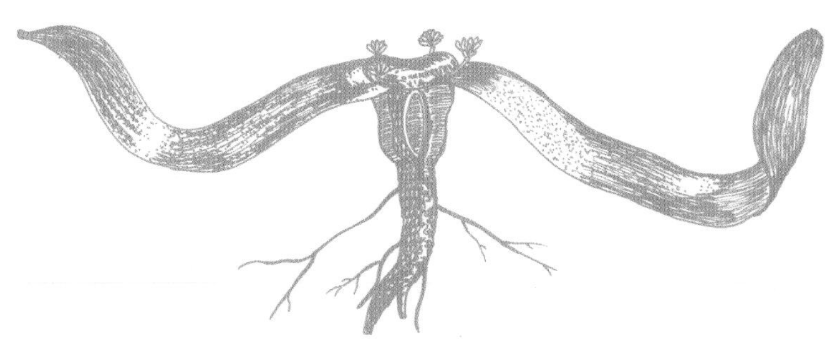

百岁兰

耐旱植物都有什么样的抗旱策略？龙血树（*Dracaena cinnabari*）叶片变小和大块的海绵状树干是忍耐干旱所需

的。非洲的金合欢树以及中美洲的牧豆树（*Prosopis juliflora*）利用长达 50 米的直根从土壤深处获取水分。巨型仙人掌（*Carnegiea gigantea*）叶子完全退化，用波纹状的茎干进行光合作用和水分贮存。印度洋西部的也门索科特拉岛上的沙漠玫瑰（*Adenium obesum*）树干严重膨大，树干里储存着水，便于干旱期间使用。短叶丝兰（*Yucca brevifolia*）叶片为带状，可以减少体内水分的流失。光棍树（*Euphorbia tirucalli*）叶片脱落较早，所以常呈无叶状态。1859 年 9 月 3 日，由

光棍树

奥地利探险家弗雷德里希·威尔维茨（Friedrich Welwitsch）在几乎没有雨水的安哥拉沙漠中发现貌似树桩的植株——百岁兰（*Welwitschia mirabilis*），它叶上的气孔会吸收大气中的水汽。

龙血树。摄于武汉植物园

佛甲草

11. 耐寒的植物

在西伯利亚泰梅尔半岛冻原上，冬季的气温会降到 –40℃，夏季气温也只有 5℃，这里生长着约 670 种低等植物、139 种高等植物。这些植物为什么不会被冻死呢？

天寒色青苍，
北风叫枯桑。
厚冰无裂纹，
短日有冷光。
——〔唐〕孟郊《苦寒吟》

植物细胞间有气体分隔及较坚硬的干燥的细胞壁，使晶核不与过冷的水相接触而结冰。当气温缓慢下降到冰点以下时，植物组织细胞间隙的溶液内，水的成分比细胞液中的多，所以在细胞之间首先出现冰块，这样一来，细胞间隙内未冰冻的溶液浓度便高于细胞液的浓度，于是细胞内水分大量外渗，冰块也就继续扩大。如果细胞的耐寒性弱，外界温度下降迅速，就容易引起细胞内部结冰和原生质结冰，细胞结构就要受到破坏，引起冻害。

格萨拉森林雪景

12. 树木为什么不会无限长高

欧洲赤松高傲得不可一世，浓密细致的羽状针叶高高耸立，融入湛蓝天空。

——［英］麦克斯·亚当斯（Max Adams）《树的智慧》

雪曼将军树是美国加利福尼亚州红杉树国家公园内的巨型红杉树，通常也被认为是单个生物体积最大的树，高达 83.8 米，底部直径达 11.1 米。2002 年曾被测量过体积，体积达 1487 立方米。那么，树木是不是可以无限长高长大呢?

在植物每个叶芽的顶端，都有一个生长锥。生长锥由分裂能力强的细胞组成，它可以不断地进行细胞的分裂和分化。

柏树。摄于澳大利亚

植物生长包括高生长和直径生长。从种子到大树的过程，也就是植物高生长和直径生长的过程。如果树木无限地长高，那就容易招来风摧雷劈，还会造成阳光、氧、水、矿质营养的供给不足。

树木越高，水分从根部向树干或树冠流动的难度也就越大。水是从下向上运动的，需要克服重重阻力。水在张力的作用下向上部流动，树越高，需要的张力越大。然而木质部导管却容易形成气泡，使导水能力丧失。为了避免出现这种情况，生长较高的树必须在干旱时候或一天早些时候关闭气孔。气孔关闭也就限制了光合作用，因而树木不可能一直高生长。

也有人认为，树停止生长是因为它们已经到了生长的成熟点，细胞分裂速率下降了。

柏树。摄于澳大利亚

13. 没有长生不老的植物

父母能生长我，不能免我于死。

——〔西晋〕陈寿《三国志·吴书》

非洲西部加那利亚的龙血树活了8000岁，日本九州屋久岛一株古雪松（*Cedrus deodara*）已经7200岁，仍枝叶青翠。植物与动物为什么有很大的寿命差异呢？动物的细胞死亡后，就会被取代。而当动物身体细胞

格萨拉高山牧场。摄于四川格萨拉

不能再新陈代谢时，器官就随之衰弱，肌体就会全部死亡。

植物就不同了，因为植物拥有与动物不同的融合生死能力，植物拥有分部分死亡的能力。树木的某些部分即使死亡，剩下的部分还会继续生长。植物具有再生能力，草被割了，还会再生。

植物为什么会死亡呢？科学家们作了多种解释。有人认为，死亡是生物本身的内在因素决定的，植物体生活机制停止，主要结构被破坏。也有人认为，死亡

皂荚（*Gleditsia sinensis*）。摄于河南淅川县南水北调移民文化苑

是外在因素支配的结果，植物体周围外界一切条件改变了，它就可能死亡。还有人认为，植物体具有一种限定寿命的因素，到一定时期必须死亡。

大叶女贞（*Ligustrum lucidum*）。摄于河南淅川县南水北调移民文化苑

皂荚树瘤。摄于河南淅川县香严寺

14. 植物为什么不患癌症

玉米瘤黑粉菌侵袭玉米穗，形成瘤状物，主要症状是在玉米的茎、叶、雄花、雌穗等部位形成肿瘤。李属黑癌病真菌（*Dibotryon morbosum*）引起的北美野生及栽培李、樱桃及杏的病害，受侵染枝条及果实呈肿大状。

细胞接受某种信号或受到某些因素刺激后，为了维持内环境稳定，应该死亡的细胞会发生主动性消亡。如果应该死亡的细胞不死亡，而且大量地繁殖，就会侵犯其他细胞的利益，还会转移到身体的各个部位，最终导致生物体死亡，这就是癌细胞。

植物在病原体等的刺激下，形成肿瘤，为什么不会患上癌症？因为植物细胞具有细胞壁，细胞壁固定了植物细胞，细胞不能移动就不会发生肿瘤细胞的转移。植物不像动物具有输送细胞的血管和淋巴系统，只有输送水分的导管和输送营养物质的筛管，肿瘤细胞无法移动。

有许多事情可以向树木学习。这个充满活力、温和平静的种族，毫无保留地为我们制造出强健茁壮的本质。

——［法］马塞尔·普鲁斯特（Marcel Proust）

15. 树木的一生

胡杨活着一千年不死，死了一千年不倒，倒了一千年不朽。

——谚语

所有的生命体都不想死，都希望长期生存。个体在衰老、死亡之前，就把基因传给下一代。虽然植物能够活数百年或数千年，可实际上它们的生命仍是有限的，延续生命只能通过基因传递繁衍，进行世代更替，保持生命永恒。

树的生长历程：种子发芽→向上生长、向下生长、向外生长→衰老期→复壮。

当一粒种子或者是插穗长出第一片叶子，树木的生长就开始了。

树木的向上生长。茎因具有背地性，向上生长成主干，侧枝形成树冠。树的枝条顶端的生长细胞不断地分裂，树就长得越来越高。

树木的向下生长。种子萌发以后，以根茎为中心，根因具有向地性，向下形成根系。树叶为根部提供光合产物，根部为树叶提供水分和矿质元素。

树木的向外生长。随着树木生长越来越高，树根、树干、树枝都相应地变得越来越粗，即树木的向外生长。

此后，树木渐渐地衰老。当树木生长到一定年龄以后，生活潜能也逐渐降低，使树木出现衰老现象。环境污染、地力衰退、病虫危害等破坏了树木原有的根冠比，也能导致树木衰老或死亡。

然而，科学家发现了可以让树木“返老还童”的方法。将北美红杉（*Sequoia sempervirens*）的种子在试管中萌发成完整植株，然后以此植株为砧木，将处于衰老期的北美红杉枝条作为接穗进行嫁接，经连续5次嫁接可使衰老的枝条“返老还童”。经复幼的北美红杉生长旺盛，发根能力强，从而器官的再生能力、生长势等得以全面恢复。

胡杨。刘国林 摄

16. 病毒首先从植物中被分离出来

外疾之害，轻于秋毫，人知避之；内疾之害，重于泰山，而莫之避。

——〔北齐〕刘昼《新论·防欲》

病毒是什么？病毒是最简单的生命体。1879 年，德国农业化学家阿道夫·麦尔（Adolf Mayer，1843—1942）在研究烟草花叶病的病因时，用病株的汁液涂抹健康植株，健康植株感染了这种疾病。正是烟草花叶病推动了人们对病毒的认识。1898 年，荷兰生物学家马丁努斯·贝叶林克（Martinus Beijerinck）首次对病毒进行命名。病毒、植物和动物是生物构成的三大群体。病毒种类估计有 3 万～ 10 万种。病毒主要由核酸和衣壳两部分构成。核酸位于病毒的内部，构成病毒的核心。一种病毒只含一种核酸，要么只含 DNA，要么只含 RNA。

远古时代，大约 8% 的人类 DNA 是感染人类逆转录病毒的残余，其中一些片段参与了人类胚胎干细胞分化，还有一部分在更早的时代促进了四足动物的神经系统演进，从而影响到人类的神经传递、记忆形成和高级思维。没有病毒，人类就不会成为今天遍布地球的物种。

烟草花

病毒没有细胞结构，是寄生体，以其内含的遗传信息去感染细胞,并利用细胞的代谢大量地自我复制，靠被感染的细胞得以繁殖，复制出来的病毒又去感染新的细胞。病毒基因为了适应新的环境，经常发生变异。

关于病毒的起源目前有三种设想：病毒是处于由非生命向生命转化的中间阶段，具有部分的生命特征；病毒起源于某些低等生物的退化；病毒是由细胞内某些遗传物质转变而来的。细胞的发现，缩短了各种生物之间的距离。而病毒的发现，则缩短了生物与非生物之间的距离。

五、植物的分类与命名

植物多样性。摄于秦岭国家植物园

1. 植物多样性

植物种类已知总数达 50 万种。

植物体有大有小，小的如藻类，大的如巨杉。

植物形态多种多样，有单细胞个体、单细胞群体、多细胞丝状体和叶状体，有根、茎、叶分化的草本和木本植物。

生物的营养方式有自养生物，也有异养生物。

植物的生活习性有短命的如某些单细胞的藻类，也有一年生、二年生和多年生的植物种类。

植物的繁殖方式，有以孢子繁衍，苔藓、蕨类植物即是；有以种子繁殖，裸子植物、被子植物即是。

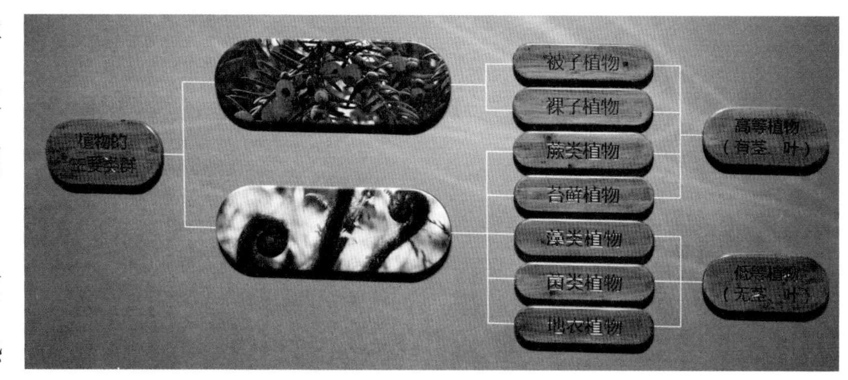

植物的主要类群。摄于成都植物园

植物在生存和繁衍过程中会发生变异，形成不同的基因型。

植物的分布广泛，从茂密的热带雨林到南极、北

通过长期的、多代的自然选择，变异积累下来，就逐渐形成了新的物种。

——［英］查尔斯·罗伯特·达尔文（Charles Robert Darwin）《物种起源》

极，从平地到高山，从海洋到陆地，甚至沙漠地区，都有植物的分布。

植物有低等和高等之分。藻类、菌类、地衣的生殖器官是单细胞的低等植物，没有根、茎、叶的分化。苔藓、蕨类、裸子植物和被子植物的生殖器官是多细胞的高等植物，有根、茎、叶的分化。

鉴于植物的多样性，必须对植物进行分类。历史上，植物分类曾依据植物的形态，特别是花和果实结构及植物所含的化学物质成分来确定，而今则依靠遗传物质 DNA 来进行植物分类。

植物学家们把一种植物的栽培变种或类型叫作品种，把具有相同特征或可以相互杂交的植物个体的集合叫作种，把那些亲缘关系相近的种的集合叫作属，把具有明显亲缘关系的植物集合叫作科，把具有共同祖先的科的集合叫作目，以此类推组成纲（根据基本差异而划分的植物集合）、门（根据关键特征划分的植物集合）、界等分类单位。

富士山上的生物多样性。摄于日本

2. 植物双名命名法

名者，实之宾也。
——《庄子·逍遥游》

既然植物种类数量庞大，需要对千差万别的植物进行命名，使其名称统一，这是识别植物和利用植物前的一门必修课。

1623 年，瑞士植物学家加斯帕德·鲍欣（Gaspard Bauhin）出版的《植物界纵览》中提出了双名法概念。瑞典植物学家卡尔·林奈（Carolus Linnaeus）出版的《自然系统》《植物种志》成为植物命名法的基石之作，他按照等级对植物进行分类，按照类似省、市、县、乡、村，创立了纲、目、科、属、种分类系统。

1867 年，瑞士植物学家奥古斯丁·彼拉姆斯·德·堪多（Augustin Pyramus de Candolle）的儿子阿尔

瑞典生物学家卡尔·林奈

方斯·德·堪多（Alphonso de Candolle）拟定的《国际植物命名法规》规定了以双名法命名植物。双名命名法是以两个拉丁词或拉丁化的词给每种植物命名，第一个词是属名，用名词（第一个字母要大写）；第二个词是种名或种区别词，一般用形容词，少数为名词（第一个字母要小写），由此共同组成国际通用植物的名称。

为什么使用拉丁名对植物进行命名？这是由于当不同国家的植物学家讨论同一种植物的时候，如果各自使用自己国家的植物名称，就无法知道讨论的是否为同一个种。由于拉丁语不能作口语，不会随着时代的变化而发生变化，这样的生物名称能保持恒定，便于各国间的交流和世代间的传承。

3. 植物标本

学非探其花，要自拔其根。

——〔唐〕杜牧《留诲曹师等诗》

人们为什么要制作植物标本呢？植物标本是用于鉴定植物种类、提供植物样本、提供原产地的位置、用于显微镜观察和DNA分析的材料。使用植物标本，能够避免部分植物具有区域性、季节性的限制。植物标本保存了植物的形状与色彩，以便日后重新观察与

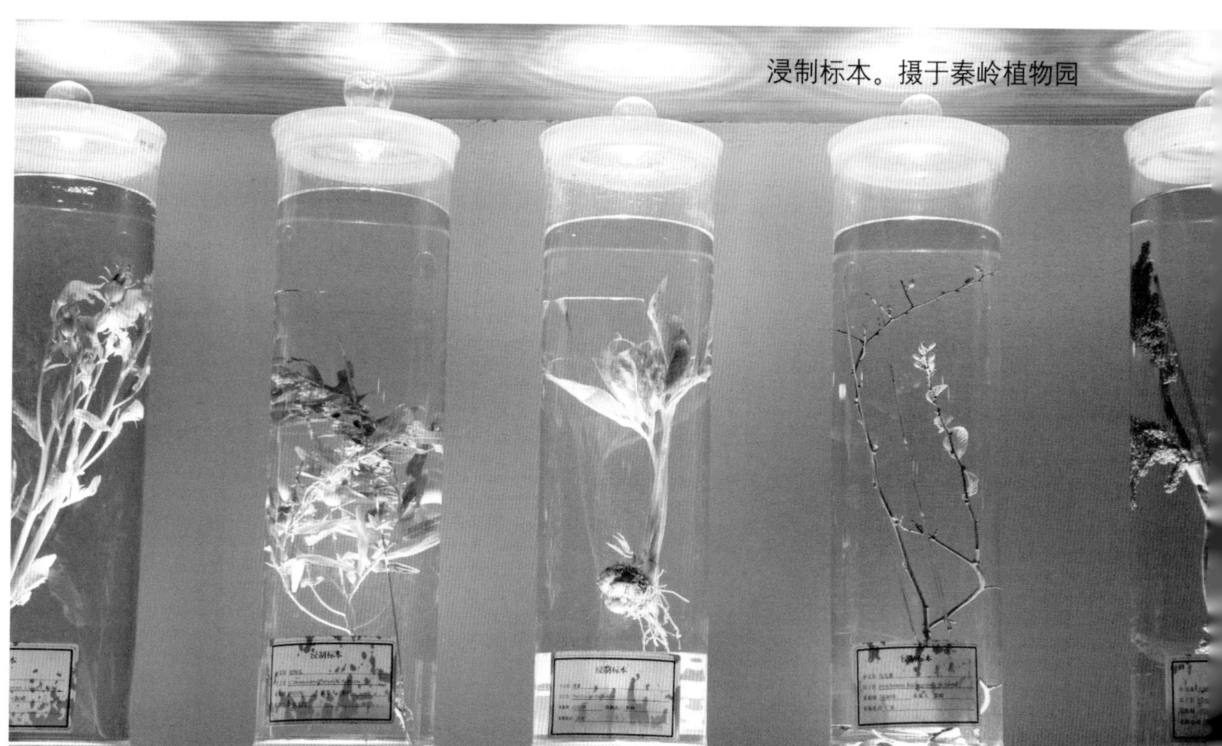

浸制标本。摄于秦岭植物园

菟丝子标本。摄于成都植物园

研究。少数植物标本也具有收藏的价值。

植物标本有腊叶标本和浸渍标本。最常见的植物标本是腊叶标本，通常是将新鲜的植物材料用吸水纸压制使之干燥后装订在白色硬纸上制成的标本。16 世纪后半叶，植物分类的迅速发展，在相当大的程度上是由腊叶标本促成的。

植物的全株或一部分若需要长期保存，就需要将植物标本浸泡在一定的药剂中，这就是浸渍标本。

中华荚果蕨标本。摄于秦岭植物园

标本介绍。摄于秦岭植物园

腊叶标本。摄于秦岭植物园

4. 蔬菜家族——十字花科

花香满院，花荫满地，夜静月明风细。

——〔元〕许有壬《鹊桥仙·赠可行弟》

十字花科植物花冠呈十字形，4 个花瓣每瓣下部狭窄如一爪形，上部宽圆，开花时上部平展，根有时膨大成肥厚的块根，具有一种含黑芥子硫苷酸的细胞而产生一种辛辣气味。

十字花科约有 330 属 3500 种，大多是一年生或

小萝卜。摄于法国

多年生草本，主产于北温带。

十字花科植物有很多的蔬菜种类，常见的有白菜（*Brassica rapa*）、油菜、甘蓝（*Brassica oleracea*）、芥菜（*Brassica juncea*）、雪里蕻（*Brassica juncea* subsp. *juncea*）、榨菜、萝卜（*Raphanus raphanistrum* subsp. *sativus*）。

十字花科植物的观赏种类有岩生庭荠（*Aurinia saxatilis*）、香雪球（*Lobularia maritima*）、屈曲花（*Iberis amara*）、含生草（*Anastatica hierochuntica*）、紫罗兰（*Matthiola incana*）、紫芥菜（*Aubrieta deltoidea*）。

萝卜开花

皱叶羽衣甘蓝（*Brassica oleracea* var.*acephala*‘Crispa’）

火烧岩甘蓝（*Brassica oleracea*‘Manmoth Red Rock’）

5.多肉植物——景天科

千株万茎，开花吐叶，高不及尺，下才如寸……俗以其形似松，生必依瓦，故曰瓦松。

——〔唐〕崔融《瓦松赋并序》

景天科植物茎有绿色、红色、紫红色等。它的肉质叶片形似精致的工艺品，叶表面有一层蜡质白霜。叶有深绿色、金黄色、红色、灰白色等。花朵颜色以红色、白色等为主，花点缀在厚厚的叶的纹理中。它通过景天酸代谢进行光合作用，肉质叶气孔陷入叶表。夜间开放气孔，吸收二氧化碳，并通过羧化反应形成苹果

大叶落地生根

酸存于植物细胞内的大液泡中，而且在一定范围内，气温越低，二氧化碳吸收越多。到了白天，关闭气孔减少水分蒸腾，再把夜间储于细胞大液泡里的酸性物质（主要是苹果酸，但也有天门冬氨酸）作脱羧反应，释放的二氧化碳进入卡尔文循环进行光合作用，并且在一定的范围内，温度越高，脱羧越快。

景天科有34属约1500种，特别耐旱，在斜坡或石头上均有生长。繁殖景天类植物是一件十分容易的事儿，采集它的叶片，种植即可生根成株。

景天科观赏价值较高的种类很多，如大叶落地生根（*Bryophyllum daigremontianum*），叶片呈长三角形，具不规则紫色斑，叶子上产生很多

新玉缀

石莲花

祇园之舞（*Echeveria shaviana*）

吕千绘

小植株，一旦小植株生根，落到地上即可长出幼苗。黑法师（*Aeonium arboreum* 'Atropurpureum'）叶在茎端和枝顶端集成莲座叶盘。华丽风车草（*Graptopetalum superbum*）叶片呈莲座状水平排列，叶片肥厚，光滑被白粉，呈粉色或紫粉色。吉娃莲（*Echeveria chihuahuaensis*）叶排列成紧凑的莲座状，叶呈短匙形或卵形。丽娜莲（*Echeveria lilacina*）叶排列成紧凑的莲座状，叶呈宽匙形。

6. 拟态植物——番杏科

番杏科所有种类的叶都有不同程度的肉质化，形态奇特，颜色多变，花色艳丽，还有许多种类呈现拟态，与石头混合难以分辨。其中的生石花形如彩石，娇小玲珑，像一块有生命的石头。

态浓意远淑且真，肌理细腻骨肉匀。

——〔唐〕杜甫《丽人行》

番杏科约有 100 属 2000 种，原产南非和纳米比亚。番杏科是一种生长在冬季、休眠在夏季的植物。

番杏科植物均有较高的观赏价值。碧玉莲（*Echinus maximiliani*）叶呈浅绿色，略微透明。花纹玉（*Lithops*

花纹玉

天女

karasmontana）有一对相连的肉质叶，叶顶部较平，中间有一裂痕，叶肉红色，顶面具黑色斑纹。四海波（*Faucaria tigrina*）叶十字交互对生，基部联合，叶菱形，前端三角形。天赐（*Phyllobolus resurgens*）叶片簇生于枝干顶端，细长如章鱼爪。天女（*Titanopsis calcarea*）叶呈匙形伸展，下部狭窄，前端宽且厚，呈三角形。五十铃玉（*Fenestraria aurantiaca*）叶截面晶莹透亮，柱状体，呈橘红色或绿色。

7. 瓜类植物大家庭——葫芦科

葫芦科是一年生的爬藤植物，常有螺旋状卷须，叶大，花大且鲜艳。果实是浆果的一种，称为瓠果或瓜果。它是世界上重要的食用植物，其重要性仅次于禾本科、豆科和茄科。

葫芦科约有 110 属 800 种。

南瓜（*Cucurbita moschata*）、黄瓜（*Cucumis sativus*）、冬瓜（*Benincasa hispida*）、丝瓜（*Luffa cylindrica*）、西瓜、甜瓜（*Cucumis melo*）、苦瓜

甜瓜之所以切成片，是因为要和家人一起食用。南瓜之所以那么大，是因为可以和邻居们一块分享。

——［法］贝尔纳丹·德·圣皮埃尔《大自然的研究》

单株西瓜藤上结了 131 个西瓜。摄于河南新郑

南瓜花

西瓜

葫芦

葫芦

(*Momordica charantia*)、西葫芦(*Cucurbita pepo*)都是葫芦科植物。2006年10月7日，美国罗得岛州的罗恩·华莱士创下了种植巨型南瓜的世界纪录，他种植的单个南瓜重达681.3千克。2016年，河南省新郑市新村镇一处瓜田里，一株西瓜藤上结了131个西瓜，刷新了吉尼斯世界纪录。

雪胆(*Hemsleya amabilis*)，清热解毒，健胃止痛；棒槌瓜(*Neoalsomitra clavigera*)，茎、叶和果实有毒，能致人剧烈腹泻，甚至手足抽搐；罗汉果(*Siraitia grosvenorii*)为良药佳果。

睡布袋(*Gerrardanthus macrorhizus*)、笑布袋(*Ibervillea sonorae*)、嘴状苦瓜(*Momordica rostrata*)等，具有膨大的茎基和肥厚的叶片。

8. 沙漠中的救命水壶——仙人掌科

天性和特征将陪伴终生。

——西班牙谚语

墨西哥的山山岭岭及房前屋后到处生长着仙人掌。仙人掌科植物的肉质茎具有贮存水分的能力。肉质茎上有棱，可以避免植物在脱水情况下开裂。肉质茎上有白毛，它的刺是变态叶。花大，具有多种颜色。依靠茎进行光合作用，茎上气孔夜间打开，吸收二氧化碳，白天进行光合作用。

仙人掌科约有 150 属 2000 种。

仙人掌科有的外形奇特，如木麒麟属、仙人掌属和量天尺属；有些种的浆果可生食，如木麒麟的叶和量天尺的花可作蔬菜，无刺仙人掌是牲畜的饲料。巨人柱(*Carnegiea gigantea*)是美国亚利桑那州及墨西哥索诺兰沙漠中的标志性景观。巨人柱高达 15 米，是世界上最高的仙人掌，重达 2 吨，寿命达 200 年。其中萨瓜罗国家

白鸟。摄于厦门植物园

千波万波锦。摄于厦门植物园

公园的巨柱仙人掌最为著名。

仙人掌科最著名的种类——昙花（*Epiphyllum oxypetalum*）开放时，层次分明的花瓣，缓缓张开，玲珑剔透。昙花原产地气候又干又热，它的叶子便退化成针状以减少水分蒸发，而由枝代替叶起作用。昙花的花蕾成熟大约需要30天。昙花之所以在晚上开，是因为晚上开放3～4个小时失水有限，而在白天开失去的水分较多。

其他还有白鸟（*Mammillaria herrerae*），球状，初单生后群生。黄金纽（*Hildewintera aureispina*），株体细柱状，金黄色。黄山吹

黄金纽。摄于厦门华侨亚热带植物引种园

金青阁。摄于厦门植物园

(*Echinopsis chamaecereus* 'Aureovariegata'），茎细长，柔软。金青阁（*Pilosocereus magnificus*），柱体，蓝灰色，具棱。老乐柱（*Espostoa lanata*），有分枝，直棱，长有白色丝状毛。千波万波锦（*Echinofossulocactus multicostatus* 'Variegata'），球形，棱缘波状，极薄，镶嵌着黄色斑纹。紫背叶仙人掌（*Pereskia aculeata* var. *godseffiana*），叶互生，披针形或长椭圆形，背面呈紫红绿色，叶基上着生刺。

紫背叶仙人掌。摄于厦门植物园

老乐柱。摄于厦门植物园

9.花样植物——蔷薇科

在人们收到的花中，月季最具有千变万化的天赋，是任何花都比不了的。

——克劳德·安托·万托里（Claude Antoine Thory）《月季》

蔷薇科植物在生活中并不陌生，我们熟悉的苹果、梨、玫瑰、月季等都属于蔷薇科。

蔷薇科约有124属3300种。

蔷薇科植物雄蕊占多数，通过花瓣之间留出的空隙长在花萼上，而不是花托上，所有的花都是离瓣花，且花瓣通常5片。

樱花（*Cerasus yedoensis*）、桃、花楸（*Sorbus aucuparia* subsp. *pohuashanensis*）、棣棠（*Kerria japonica*）、白鹃梅（*Exochorda racemosa*）等皆有美丽的花朵，是常见的花样种类。

桃、李、杏、梨（*Pyrus bretschneideri*）、梅（*Prunus mume*）、苹果（*Malus pumila*）、沙果（*Malus asiatica*）、海棠（*Malus spectabilis*）、樱桃（*Prunus pseudocerasus*）等为常见的水果种类。

樱桃

扁桃仁、杏仁、扁核木仁、桃仁等是仁用种类。

地榆（*Sanguisorba officinalis*）、木瓜（*Chaenomeles sinensis*）、翻白草（*Potentilla discolor*）、金樱子（*Rosa laevigata*）、龙牙草（*Agrimonia pilosa*）、郁李（*Prunus japonica*）等可作药用。

红叶石楠

芭蕾海棠

山莓（*Rubus corchorifolius*）。摄于德国慕尼黑

10. 被子植物的第三大科——蝶形花科

豌豆开花花蕊红，豌豆结荚好留种。来年种下小豌豆，开满了鲜花到处红。

——民歌

蝶形花科植物花冠呈蝶形，最上方一片最大，为旗瓣，果为荚果。蝶形花科植物有根瘤，蛋白质含量高，是重要的粮食作物和饲用植物。

白车轴草

槐树。摄于
陕西临潼

蝶形花科约有 440 属 12000 种。

紫花苜蓿（*Medicago sativa*）、三叶草（*Trifolium pratense*）、野豌豆（*Vicia sepium*）、草木樨（*Melilotus suaveolens*）是动物喜食的牧草。

大豆、豌豆、蚕豆、绿豆（*Vigna radiata*）、豇豆等为重要的粮食作物。

刺槐、槐树（*Sophora japonica*）为落叶乔木，是常见的庭院树种。沙冬青生于荒漠地区，是荒漠地区特有

厚果崖豆藤（*Millettia pachycarpa*）

紫穗槐

的超旱生常绿灌木，可固沙。紫穗槐（*Amorpha fruticosa*）枝条可编织，具有防风固沙、保持水土流失的生态功能。

甘草（*Glycyrrhiza uralensis*）、黄芪、紫藤、鸡血藤等可药用。

金叶槐（*Styphnolobium japonicum* ‘Flavirameus’）

11. 生活在热带的优势植物——大戟科

大戟科约有 300 属 5000 种，主产热带和亚热带地区。

光棍树、霸王鞭（*Euphorbia royleana*）、一品红（*Euphorbia pulcherrima*）、银边翠（*Euphorbia marginata*）、猩猩草（*Euphorbia cyathophora*）、铁海棠

俏黄栌（*Euphorbia cotinifolia* 'Atropurpurea'）

铁甲丸（*Euphorbia bupleurifolia*）。摄于福建漳州乡下人园艺有限公司

变叶木

红珊瑚（*Euphorbia tirucalli*）

蓖麻子这种带斑纹的种子，除了含有一种价值很高的油之外，还含有世界上最致命的毒素之一——蓖麻毒蛋白。起保护作用的带刺种荚干燥后会爆裂，能够将蓖麻子抛到距离母株 35 英尺远的地方。

——[美] 索尔·汉森 (Thor Hanson)《种子的胜利》

(*Euphorbia milii*) 为观赏种类。

猩猩草、飞扬草 (*Euphorbia hirta*)、甘遂 (*Euphorbia kansui*)、巴豆 (*Croton tiglium*)、续随子 (*Euphorbia lathylris*) 为药用种类。

蓖麻种仁含有的油为优良润滑油，蓖麻全株均可入药。油桐是油漆、印刷油墨的原料。乌桕 (*Sapium sebiferum*) 种子的蜡层是制造蜡烛和肥皂的原料，种子榨出的油可制造油漆。

木薯为热带地区的粮食作物，块根含有淀粉，可食用。

橡胶树是橡胶原料植物。

一品红

12. 植物中的大家族——菊科

你知道世界上哪一科植物种类最多吗？在所有种子植物的科中，以菊科植物种类最多，约有1300属30000种，均为草本植物。除南极外，全球均有分布。

菊科植物花多数是小花密集排列，外覆以总苞片而形成一致的头状花序，从外向内绽放。花盘在成熟时扩大、变色，但在环绕它们的边花完全展开之后才绽放。菊科的学名是由模式属紫菀属Aster而来，是“星形”的意思，指菊科植物的头状花

乒乓菊（*Dendranthema morifolium*）

菊花

待到秋来九月八，
我花开后百花杀。
冲天香阵透长安，
满城尽带黄金甲。
——〔唐〕黄巢《不第后赋菊》

芙蓉菊（*Crossostephium chinense*）

序似星形。它们的每一个花序像单独一朵花，事实上是由小花构成。小花分为边花和盘花。向日葵黄色的花瓣是花序中的边花，是不育花，它的作用是吸引传粉者给盘花传粉。

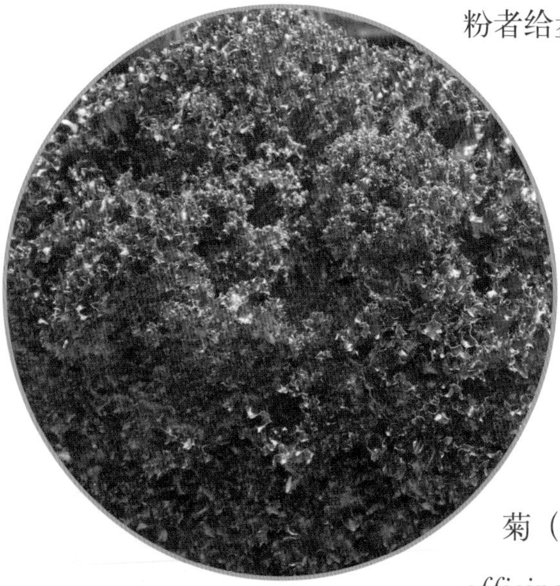

菊科药用种类有哪些呢？主要有天名精（*Carpesium abrotanoides*）、火绒草（*Antennaria rosea* subsp. *confinis*）、青蒿（*Artemisia carvifolia*）、牛蒡（*Arctium lappa*）、雪莲花（*Saussurea involucrata*）、红花（*Carthamus tinctorius*）、千里光（*Senecio scandens*）等。

菊花（*Dendranthema morifolium*）、翠菊（*Callistephus chinensis*）、金盏花（*Calendula officinalis*）、雏菊（*Bellis perennis*）、百日菊（*Zinnia elegans*）、孔雀草（*Tagetes erecta*）为观赏种类。

生菜

向日葵。摄于新疆奎屯

茼蒿（*Glebionis coronaria*）、洋姜（*Helianthus tuberosus*）为常见的蔬菜种类。

起源于南美洲的甜菊（*Stevia rebaudiana*），叶子和茎秆含甜菊糖甙，其糖料成分是一种四环双帖配糖体的结晶物质。

棒叶厚敦菊（*Othonna clavifolia*）、七宝树（*Senecio articulatus*）、天龙（*Kleinia neriifolia*）、地龙（*Kleinia pendula*）、新月（*Senecio scaposus*）等具有肉质茎或肉质叶，为多肉种类。

泥胡菜（*Hemistepta lyrata*）、刺儿菜（*Cirsium arvense*）、飞机草（*Chromolaena odorata*）、紫茎泽兰（*Dimerostemma reitzii*）等因为没有实际用途，则被视为杂草。

甜菊

13. 叶肉饱满的植物——十二卷属

白斑玉露

宝草锦

十二卷属植物对多数人来说很陌生。起源于斯威士兰等地的十二卷属是百合科植物，约有150种。它的名字是为了纪念英国植物学家艾德里安·哈登·霍沃斯（Adrian Hardn Haworth）。十二卷属多肉叶子呈披针形三角状，叶肉饱满且有光泽，浅绿的叶子上有彩色的条纹或者星状斑点。同时它还有硬叶和软叶之分，硬叶类叶面常常伴有白色斑点，或结节成条状和缟状。软叶类叶子“窗”状结构更明显，叶肉看起来更加丰满且呈透明状，边缘有毫毛。

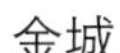
金城

条纹十二卷

十二卷属著名的观赏种类有：白斑玉露（*Haworthia cooperi* cv.*Variegata*），叶呈半透明状，碧绿色间镶嵌乳白色斑纹。宝草锦（*Haworthia cymbiformis* ‘Variegata’），叶具不规则白色斑彩；帝玉露（*Haworthia cooperi* ‘Dielsiana’），植株小窗晶莹剔透，叶尖有一根细长的纤毛，整个植株轻微往叶心合拢；点纹十二卷（*Haworthia margaritifera*），叶呈长三角状披针形；九轮塔（*Haworthia coarctata*），叶在阳光下会慢慢变成紫红色；菊绘卷（*Haworthia marumiana* var. *batesiana*），叶先端呈淡紫色，基部绿色；毛面寿（*Haworthia mirabilis*），叶短，呈粉红色；凝脂菊（*Haworthia cymbiformis* ‘Variegata’），植株晶莹透亮。

点纹十二卷

颠不刺的见了万千，似这般可喜娘的庞儿罕曾见。则着人眼花缭乱口难言，魂灵儿飞在半天。

——〔元〕王实甫《西厢记·第一折》

14. 单子叶植物大家族——兰科

春兰秋菊，各有一时之秀也。

——〔宋〕洪兴祖《楚辞补注·九歌》

世界上大约五分之一的开花植物都来自兰科，兰科是最大的开花植物家族。兰科植物的花朵在所有被子植物中最进化、最精巧，通常作 180° 扭转，花 6 被片，总状花序具数花或多花，颜色有白、纯白、白绿、黄绿、淡黄、淡黄褐、黄、红、青、紫。兰科植物种子细小，近于无胚乳。天鹅兰（*Cycnoches chlorochilon*）一

蝴蝶兰

个蒴果含种子 377 万个。

蝴蝶兰

兰科约有 700 属 20000 种，是单子叶植物中最大的科，与双子叶植物比，其种数仅次于菊科。

起源于中国台湾的蝴蝶兰（*Phalaenopsis aphrodite*）是兰科重要的观赏种类。春兰秋菊、兰质蕙心、契合金兰、谢庭兰玉、桂子兰孙、兰桂齐芳、吹气如兰，则是对兰花之美的赞誉。

兰花是世界上最著名的“骗子”之一，它模仿了雌性昆虫的外观，或散发可以交配的雌性昆虫的气味，以引诱传粉者。文心兰（*Oncidium hybridum*）模仿出攻击姿态，避免雄性传粉者前来；模仿出能够提供食物的花，吸引雌性传粉者靠近。

兜兰

彗星兰

米尔特兰

国王兜兰（*Paphiopedilum rothschildianum*）花上斑点看起来像蚜虫，以欺骗食蚜蝇前来授粉。

天麻（*Gastrodia elata*）、白芨（*Bletilla striata*）、石斛（*Dendrobium nobile*）作为药用种类，被人们广泛利用。

墨西哥的阿兹特克人曾用香荚兰（*Vanilla planifolia*）给可可（*Theobroma cacao*）调味。兰花香气清冽、醇正。兰花多用作茶，也可用来熏茶，还可做汤等菜肴。

15. 人类的粮仓——禾本科

人类最重要的粮食作物来自禾本科。禾本科植物根大多数为须根；茎多直立，明显地具有节和节间，节间中空；果实通常多为颖果。禾本科植物都会开花，但是很少有人见到或认出它的花。它的花是风媒花，没有鲜艳的花色，有簇生的毛茸茸的花序。

禾本科约有 700 属 10000 种。木本或草本。禾本科是单子叶植物中仅次于兰科的第二大科。

当今世界上 70% 的农田种植禾本科作物，人类食物中 50% 以上的蛋白质来自禾本科作物。

食物是文明发展的推动力，而在温带地区，小麦就是这种推动力的燃料。

——［英］比尔·劳斯(Bill Laws)：《改变历史进程的 50 种植物》

农田。摄于日本成田

箱根草（*Chrysopogon zizanioides*）。摄于日本大阪

玉米

小麦

有原产埃塞俄比亚的高粱（*Sorghum bicolor*）。起源于巴布亚新几内亚森林里的甘蔗（*Saccharum officinarum*），是一种大型禾草，高可达4.6米，节间有海绵状的髓及富含糖分的汁液。有用途广泛的竹类。有中草药种类，如淡竹叶、芦苇根、白茅根。还有杂草种类，如早熟禾（*Poa annua*）、马唐（*Digitaria sanguinalis*）、白茅（*Imperata cylindrica*）。

蓝羊茅（*Festuca glauca*）

稻田。摄于贵州安顺市龙宫

六、植物的全球分布

温带草原。摄于瑞士

1. 植物全球分布

非其地而树之，不生也。

——〔汉〕刘向《说苑·杂言》

地球上除了永冻土和完全干旱的地区，植物是陆地甚至海洋每个角落都可以见到的生物。

南北纬5°为热带雨林带，气候对植物全年的成长非常有利。赤道地区热带雨林里的植物常绿且高大，如红木（*Bixa orellana*）、奥古榄（*Aucoumea klaineana*）。

南北纬5°～25°为季风林带，这里气候干旱，植物生长会受到限制。低纬度地区大部分为热带草原气候，草类生长茂盛，有“稀树草原”之称。

南北纬25°～35°为草原和沙漠，气候极度干燥，不适合植物全年生长。与季风林接壤的地区是草原，然后逐渐变成沙漠，极少有树木生长或存活，植物有仙人掌、龙血树。

南北纬 35° 以上地带，冬季陆地降水充沛，植物生长条件比南北纬 25° ～ 35° 地区有所改善。

南北纬 40° 为地中海森林带，冬季降水充沛，夏季炎热干燥，这里的树木有油橄榄（*Olea europaea*）、圣栎（*Quercus ilex*）。

南北纬 40° ～ 50° 为温带森林带，全年潮湿多风，冬季寒冷，限制了植物生长。这里的树木有橡树（*Quercus palustris*）、山毛榉（*Fagus longipetiolata*）。

南北纬 50° ～ 70° 为针叶林带，冬季变长，这里的树木有苏格兰松（*Pinus sylvestris*）、北美云杉（*Picea sitchensis*）。

南北纬 70° 以上为苔原地带。在这里生长的矮柳最高不过 5 厘米，是世界上最矮的树。接近极地为苔原气候，这里植物有苔藓、地衣。再往极地去就是冰原，没有植物了。

杨树林。摄于新疆

2. 荒漠植物

全球荒漠主要在南北纬 15° ～ 50° 地带。该地区干旱、高温、风沙多，土壤盐碱化。植物是富于变化的生物，若不能改变环境，就改变自己。植物有旱生、强旱生种类，具有适应荒漠所需要的根系。荒漠植物大多萌蘖性强，耐风沙袭击或耐沙埋。为了减少蒸腾，许多植物叶缩小或变成棒状、刺状。一些植物枝干呈白色以抵抗强烈太阳光的照射。

生长在荒漠中的梭梭树种子，被认为是世界上寿

最好的树种，长在森林里就是大树，种在花盆里就高不过一米，成为盆景。这不是种子的错，是盆容量大小的问题。

——［孟加拉国］穆罕默德·尤努斯（Muhammad Yunus）

荒漠。摄于新疆吐鲁番

花棒。摄于银川

命最短的种子，只要有一点点水，在 2 ～ 3 个小时内就会生根发芽。梭梭树能在严酷的荒漠里生长繁殖，迅速蔓延成片，这与它具有适应荒漠干旱环境的本领是分不开的。

撒哈拉－阿拉伯区荒漠有百脉枣（*Ziziphus lotus*）、地衣、藜科垫状植物、金合欢。南非亚热带荒漠有百岁兰、芦荟及松叶菊属、青锁龙属、大戟属的一些种类。美洲荒漠有仙人掌、丝兰、龙舌兰。澳大利亚荒漠有三齿稃草（*Triodia basedowii*）、木麻黄、桉树。阿根廷巴塔哥尼亚荒漠有仙人掌和硬叶禾草植物。

3. 草原植物

草原以生长草本植物为主。形成草原的原因是草原所在地土壤层薄或降水量少，只适合草本植物生长，不适合树木生长。

草原植物普遍低矮，叶面积缩小，叶片内卷，气孔下陷，根系分布较浅，其生长、发育的盛季在 6 ～ 7 月。

柳丝袅袅风缫出，草缕茸茸雨剪齐。

——〔唐〕白居易《天津桥》

牧鹿场。摄于日本奈良

温带草原植物主要有禾本科、蝶形花科、莎草科、菊科和藜科。草原上禾本科植物占全部草地面积的20%～90%。羊草（*Leymus chinensis*）是欧亚大陆草原区东部草甸草原及干旱草原上的重要植物。

喀纳斯草原。摄于新疆喀纳斯

4. 珠穆朗玛峰植物

珠穆朗玛峰地区海拔高，气候多变，常年风雪交加，许多地区属于永冻地带。在海拔 5200 米以上的高山上终年积雪，没有或极少有植物存在，仅在裸露的岩石上有地衣生存。

海拔 4600 米以上，植物大多高不足 10 厘米，匍匐在地面上，植物有垫状地梅（*Androsace tapete*）。

海拔 4300 ~ 4600 米地区，除垫状植物外，有棘豆（*Oxytropis falcata*）、蒲公英（*Taraxacum mongolicum*）。

它们（杜鹃花）孤独地盛开在光秃秃的岩石上，鲜红的花瓣映照着没有被践踏过的白雪，就像血红的床单铺在饱经风霜的岩石上。

——［英］托比·马斯格雷夫（Toby Musgrave）《植物猎人》

海拔 4677 米的羊卓雍湖是喜马拉雅山北麓最大的内陆湖泊，湖光山色之美，冠绝藏南

海拔 3300 ～ 4300 米地区主要有滇藏方枝伯（*Juniperus indica*）、高山杜鹃。

在卡玛河谷和绒辖河谷的中下游原始森林里，主要树种有亚东冷杉（*Abies densa*）、铁杉（*Tsuga chinensis*）、曲枝柏（*Juniperus recurva*）、桦树、槭树。

高山植物。摄于西藏拉姆拉措

喜马拉雅山植物。摄于西藏

5. 海洋中的植物

海洋是生命的摇篮，已知海洋生物约有 21 万种。海洋植物门类甚多，从低等的无真细胞核的蓝藻门和原绿藻门，到具有真细胞核的红藻门、褐藻门、绿藻门及高等种子植物等，共 13 个门。

来疑沧海尽成空，万面鼓声中。

——〔宋〕潘阆《酒泉子·长忆观潮》

海洋中的浮游植物个体虽小，但数量多，是海洋

海底生物世界模拟图。
摄于重庆自然博物馆

秋茄树。摄于北京世界园艺博览会

食草动物的主要食物。海潮退去后，在岩礁上到处都有绿色膜状的绿藻，这些绿藻大都是石莼，少数为水松。低温海水中生长有大型海生褐藻海带（*Laminaria japonica*）。浅海区生长的巨藻（*Macrocystis pyrifera*），为植物界的巨人，春夏之际，每天可生长 2 米，最长的巨藻有 300 ～ 400 米，所以一株巨藻就能构成气势磅礴的“海底森林”，为水生动物提供了栖息和繁殖的场所，成了海洋里最大的植物。

红树（*Rhizophora apiculata*）分布于东南亚热带地区，生于海浪平静、淤泥松软的浅海盐滩或海湾内的沼泽地。

西沙群岛永兴岛

6. 欧洲的树木

松柏何须羡桃李，请君点检岁寒枝。

——〔明〕冯梦龙《警世通言·老门生三世报恩》

欧洲大部分地区为温带海洋性气候，也有地中海气候、温带大陆性气候、极地气候和高原山地气候等。

欧洲树种基本上不是原产欧洲，原产欧洲的树种在最后一次冰川时期基本灭绝，现有的树种都是从世界各地引种到欧洲的。

欧洲落叶阔叶林树种有欧洲山毛榉（*Fagus sylvatica*）、桦叶鹅耳枥（*Carpinus betulus*）、英国栎（*Quercus robur*）。在大西洋沿岸有欧石楠灌丛，中欧有常绿阔叶林。

德国云杉和欧洲赤松（*Pinus sylvestris*）在欧洲的针叶林内有广泛分布。欧洲东部优势树种有西伯利亚冷杉（*Abies sibirica*）、西伯利亚落叶松（*Larix sibirica*）、西伯利亚松（*Pinus*

银冷杉（*Abies alba*）。摄于俄罗斯圣彼得堡

欧洲花楸。摄于俄罗斯圣彼得堡

sibirica)。白桦树在东欧到西伯利亚都有分布。

英国针叶林树种有北美西加云杉(*Picea sitchenrsis*)、苏格兰松(*Pinus sylvestris*)、挪威云杉(*Picea excelsa*)、欧洲落叶松(*Larix decidua*)。阔叶林树种有桦树、欧洲白蜡树(*Fraxinus excelsior*)、欧洲水青岗(*Fagus sylvatoca*)。

海枣(*Phoenix dactylifera*)。摄于意大利佛罗伦萨

7. 美洲的树木

万壑树声满，千崖秋气高。

——〔唐〕杜甫《王阆州筵奉酬十一舅惜别之作》

美洲分为温带美洲和热带美洲。温带美洲包括从温带海洋性气候的阿拉斯加到墨西哥，这里大部分地区气候比较温和。

在北美，苔原占了大部分地区。除了地衣苔原外，还有苔草属、早熟禾、北极剪股颖和三毛草属植物。

北美洲糖槭（*Acer saccharum*）、镰刀栎（*Quercus falcata*）是两个最占优势的乔木树种。

加拿大中部有云杉（*Picea glauca*）、冷杉（*Abies balsamea*），东海岸以北有道格拉斯黄杉（*Pseudotsuga douglasii*）、西特卡云杉（*Picea sitchensis*）、异叶铁杉（*Tsuga heterophylla*）、奴特卡花柏（*Chamaecyparis nookatensis*）。

鸡蛋花

热带美洲包括从加利福尼亚州南部、佛罗里达州、墨西哥湾到西印度群岛和巴西的亚

马孙丛林，向南延伸到阿根廷。亚马孙热带雨林位于南美洲的亚马孙盆地，占地 700 万平方千米。雨林横跨了 8 个国家，占据了世界雨林面积的一半，是全球最大及物种最多的热带雨林。亚马孙雨林被人们称为“地球之肺”。

蓝花楹（*Jacaranda mimosifolia*）是阿根廷北部特别美丽的树种。智利南部以落叶的假山毛榉（*Nothofagus moorei*）为主。

椰子林

8. 亚洲和大洋洲的树木

亚洲大陆南北纬度跨度大，有寒带、温带、热带。因而各地气候差异明显，类型多样。

在日本北海道，有冷杉（*Abies sachalinesis*）、鱼鳞云杉（*Picea jezoensis* var. *microsperma*）、云杉（*Picea glehnii*）。

在马来西亚，有棕榈（*Trachycarpus fortunei*）、椰子树（*Cocos nucifera*）。在中国的热带地区，有沉香（*Aquilaria sinensis* ）、黄花梨（*Dalbergia odorifera*）、格木（*Erythrophleum fordii*）、柚木（*Tectona grandis*）。

大王椰子。摄于广西合浦

吊瓜树。摄于北海园博园

霸王棕。摄于华南植物园

狐尾椰子（*Wodyetia bifurcata*）是澳洲的特产。桉树是澳大利亚最容易见到的树种，桉属有 700 多个种。

新西兰有阔叶树南极假山毛榉和针叶树贝壳杉（*Agathis dammara*），这些树种在天然林广泛分布。

这些树组成的森林如此壮观，让人目不暇接，无法凝视。

——大卫·道格拉斯（David Douglass）

榄仁（*Terminalia catappa*）。摄于深圳仙湖植物园

银荆树。摄于澳大利亚悉尼

9. 非洲的植物

身处非洲版图的地理学家，满眼皆是狂野大地的凄凉，这里遍布起伏的丘陵地带，人迹罕至终成象群的乐土。

——［爱尔兰］乔纳森·斯威夫特《诗论》

非洲有 8 个气候区，即热带沙漠区、半干旱区、热带干湿季区、赤道区、地中海区、副热带湿润海洋区、暖温带高原区和山区。非洲草原树种有金合欢（*Acacia farnesiana*）、猴面包树（*Adansonia digitata*）等。

东非高山脚下有稀树草原，山腰有雨林和东非罗汉松（*Podocarpus milanjianus*）为主的山地森林，海拔 3000 米以上有欧石南灌丛，在海拔 3600 米以上则有千里木。硕莲生长在千里木和欧石南旁边。

猴面包树

非洲的植物种类有 40000 种之多，盛产乌木、红木、栓皮栎、樟树、栲树等。草原面积占非洲总面积的 27%。

10. 北极和南极植物

溪深难受雪，山冻不流云。

——〔清〕洪昇《雪望》

北纬 74°以北的斯瓦尔巴德群岛年平均气温 -2℃～3℃，这里生长着低矮的欧石南，欧石南开着粉红色的小花。此外有北极垫柳（*Salix lindleyana*）组成的灌丛。

北极有两种花形最大的植物仙女木（*Dryas*

北极

南极

octopetala）和北极罂粟（*Papaver radicatum*）。

南纬 66.5° ～ 90° 以内的区域为南极。南极大陆是地球上最寒冷的大陆，年平均气温 –25℃。

南极生长着 200 余种地衣。在亚南极地区，地衣每年生长量约 1.1 毫米。南极有藓类 169 种，苔类 50 种。这些种类大多分布于南极的岛屿上，而在南极大陆种类很少。南极植物种类与北极相比少很多。

七、植物生态与环境

喀纳斯湿地

1. 什么是生态系统

植物登陆改变了以往大陆荒凉的景象，陆地生态系统开始出现，打破了20亿年生物在水域环境中生活的局面。

生物个体不是孤立存在的，同种生物个体组成的整体形成种群，不同种群组成的整体形成群

湿地生态系统

农田生态系统

大地植物是生命之网的一部分。在这个网中，植物和大地之间、一些植物与另一些植物之间、植物与动物之间，存在着密切的、重要的联系。

水、土壤和由植物构成的大地的绿色斗篷组成了支持着地球上动物生存的世界。

——［美］蕾切尔·卡森（Rachel Carson）《寂静的春天》

落，群落与环境组成的整体形成生态系统，所有的生态系统组成的整体形成了生物圈。

森林怎样从岩石上发生呢？森林的发生经历以下阶段：裸岩阶段→地衣阶段→苔藓阶段→草本植物阶段→灌丛阶段→森林阶段。

各种原始单细胞生物不同的营养方式，导致了动植物的分化。绿色植物是自然界有机物的生产者，不仅可以自养，还供其他生物取食。动物以植物或其他动物为食，是自然界有机物的消费者。细菌和真菌通过分解动植物遗体中的有机物获得营养物质和能量，是自然界有机物的分解者。

随着生物的分工，一个由动物、植物和菌类组成的生态系统就形成了。

2. 全球没有森林的后果

19世纪初，世界各大洲尚被森林覆盖着。然而从那时开始，森林的厄运开始了，一方面，人口剧增，对木材有大量的需求；另一方面，工业化导致砍伐森林的规模越来越大。19世纪，人们砍伐的树木，比冰川期在10万年中损毁的树木还要多。人们像儿童动画片《熊出没》中的光头强，用斧头和手锯乱砍滥伐，用骡子、卡车和轨道车运输木头。

如果地球上没有了森林，那么陆地生物的90%以上就会灭绝。大量的森林动物，特别是昆虫及低等生物会失去生存之地。

被砍伐的树木

森林是至仁至善的稀罕有机体，它们受苦受难不求回报，还慷慨奉献出生命中的一切产物。森林庇护众生，甚至连伤害它的樵夫，也不吝为其提供凉荫憩地。

——[古印度] 乔达摩·悉达多（Siddhāttha Gotama）

生物固氮减少 90%，全球二氧化碳将大量增加，生物放氧量将减少约 30%。天空不再蔚蓝，温室效应会引起全球变暖。

如果地球上没有了森林，全世界 90%的淡水将流入大海，江河面临长期断流，人类面临水荒。许多地区风速将增加约 50%，亿万人将因风灾而丧生。水灾导致大量农田、道路、城市被冲毁。空气污染和太阳辐射增加，人类将难以生存。人类将得不到木材及其副产品。

乱砍滥伐。摄于古森林博物馆

3.濒危植物

所有植物都是数亿年进化的结果，它们见证了大陆漂移和气候变迁，现在却受人类的影响。

人口过多导致动植物栖息地被破坏，使全球物种濒危或灭绝。一种植物的灭绝，意味着经过数十亿年演化而成的美丽拼图消失了。单一的某个物种灭绝，

水杉

> 我们对待植物的态度是异常狭隘的。如果我们看到一种植物具有某种直接用途，我们就种植它。如果出于某种原因，我们认为一种植物的存在不合心意或者没有必要，我们就可以立刻判它死刑。
>
> ——［美］蕾切尔·卡森（Rachel Carson）《寂静的春天》

会对长期在同一栖息地相互依存的其他物种造成不利影响。物种之间唇齿相依，每个物种灭绝都会在平衡的生态系统中引起或大或小的涟漪。2003 年，世界自然保护联盟发表的《濒危物种红皮书》中，有濒危植物 1164 种，其中 813 种被定为濒临危险的、危险的或易受侵害的种类。

而今物种灭绝的速度远超人类的想象，可能超过自然灭绝速度的 1000 倍。绝大部分物种灭绝是由人类直接或间接活动造成的。事实上，人类也仅仅是地球生态系统中的一员，然而现在却成了凌驾于其他数十万种物种之上的破坏者！

世界最濒危植物有伍德苏铁（*Encephalartos woodii*）、圣赫勒拿橄榄（*Nesiota elliptica*）、秋海棠叶睡茄（*Withania begonifolia*）、别叶云实（*Caesalpinia kauaiensis*）、荪曲泊贡桔桔（*Centropogon erythraeus*）、树状苏铁（*Cycas tansachana*）等。

4. 生物入侵

欲收禾黍善，先去蒿莱恶。

——〔宋〕王安石《钱镈》

生物由原生存地侵入另一个新的环境，可能对入侵地的生物多样性、农林牧渔业生产以及人类健康造成危害。

原产于墨西哥的紫茎泽兰（*Ageratina adenophora*），单株年产瘦果1万粒，借冠毛随风传播，因其繁殖力强，已成为全球性的入侵物种。紫茎泽兰侵占草地，造成

加拿大一枝黄花。摄于北京通州

薇甘菊。摄于华南植物园

牧草严重减产，对畜牧生产造成危害。

原产南美洲的薇甘菊（*Mikania micrantha*）在其适生地攀缘缠绕于乔、灌木植物，重压于其冠层顶部，阻碍附主植物的光合作用，继而导致附主死亡。薇甘菊主要危害天然次生林和人工林。

加拿大一枝黄花（*Solidago canadensis*）单株一年可产 2 万余粒种子，借风力传播，种子易萌发。它具有强大的生存竞争优势，生长期长，在秋季其他杂草枯萎或停止生长的时候，加拿大一枝黄花依然茂盛。

5. 全球变暖

人们焚烧化石燃料如石油、煤炭、天然气时产生大量的二氧化碳等温室气体。这些温室气体对来自太阳辐射的可见光具有高度透过性，而对地球发射出来的长波辐射具有高度吸收性，能强烈吸收地面辐射中的红外线，导致地球温度上升，即产生温室效应。温室效应不断积累，便导致地气系统吸收与发射的能量不平衡，能量不断地在地气系统累积，从而导致温度上升，造成全球变暖这一现象。

1976～1999 年，欧洲经历的热极端事件是冷极端事件的 2 倍，而且欧洲一半地区夏季的平均日最高温度的增长速度每 10 年超过了 0.3℃。

1981～1990 年，全球平均气温比之前 100 年上升了 0.48℃。

2003 年，中国台北、上海、杭州、武汉、福州都破了当地高温纪录。浙江省屡破高温纪录，67 个气象站中 40 个都刷新了纪录。

2009 年 7 月 24 日，拉萨市以 30.4℃的高温创下

在地球的“生命”长河里，人的寿命有多长？人的寿命大约是地球寿命的数亿分之一呀，在人类寿命的短短“一年”里，能够感受“天”这么翻天覆地的变化，难道不值得人类担忧甚至惊恐吗？

——侯元凯《救地球就是救自己——全球变暖忧思录》

有气象纪录以来的历史最高值。

40余年来，全世界都出现暖冬，寒风迟迟不起，气温迟迟不降，当人们刚刚觉得有点寒意的时候，春天却提前来临。北欧和俄罗斯冬日温暖的阳光致使可爱的棕熊无法酣然入睡，阿尔卑斯山著名的高山滑雪场由于积雪融化不得不面临关门停业，格陵兰岛的居民终于享受到了种植蔬菜的快乐，因纽特人在31℃的高温下也知道了夏日空调的妙用……

在地球诞生至今46亿年的漫漫时空里，地球表面那层薄薄的大气层一直给地球生态系统提供了至关重要的保护。然而，它却在工业革命后的200余年，尤其是近50年的人类活动中遭到严重破坏。30年前，我们认为全球变暖的影响将发生在500年以后，20年前，我们认为这些影响将发生在我们的子女或孙子辈身上，而现在这已经实实在在发生在我们自己身上。

化石燃料的燃烧，
导致全球变暖

6.《救地球就是救自己——全球变暖忧思录》序言（节选）

全球变暖?!

于是我在考虑，我是不是应当为抑制全球变暖做些什么？也许是上天有意安排，前不久，在哥本哈根会议令人失望的结果的催化作用下，我的脑海中发生了一系列化学反应后，就有了这本书。

丧钟为谁而鸣?

现在，全球变暖已是我们不得不面对的严肃而又困难的问题，因为留给人类踌躇、犹豫、徘徊的时间已经没有了。从《京都议定书》到哥本哈根会议，各国政客们在这些年间签署了一个又一个关于环境保护的合作方案，但最终没有起色：地球的气温仍在持续升高，南极臭氧空洞还在不断变大，北极冰川越来越少，冬天越来越不像冬天……如果再不采取有效的措施来制止我们的破坏行为，我们就会很快打开全球变暖的潘多拉盒子，那从盒子里能飞出什么糟糕的结局，真令人无法想象。

如果没有人行动起来，依旧我行我素，那么，即

山川在理有崩竭，丘壑自古相虚盈。

谁能保此千世后，天柱不折泉常倾。

——〔宋〕王安石《九井》

《救地球就是救自己——全球变暖忧思录》书影

烧锅

使哥本哈根会议开上10年，《京都议定书》签下10万份，气温还会照样升高，而且会越升越高，就连届时开会也会成为最大的温室气体排放烟囱，变得毫无意义。

如果你还没有认识到全球变暖的威胁，即便政府和环保主义者们日日夜夜在大街小巷宣传，那么，你也只会认为那只是政府在提供就业岗位罢了，抑或认为现代人又想出了一种新的骗取钱财的伎俩。我要告诉你，你的所作所为只能让你损失得更多，而不会守住你任何一分钱。

如果你已经发觉问题的严重性，那么我会由衷地为你高兴：我们的未来又多了一份光明。同时，我也真诚地恳求你立刻行动起来，拯救自己，拯救子孙，拯救地球。

7. 生态平衡靠植物维护

植物具有消声、杀菌、调湿、调温、防洪、碳汇、固氮、去污染、涵养水源、保持水土、防风固沙等维护环境的功能。

1952 年，当时伦敦冬季多使用燃煤采暖和发电，12 月 5 日引发了连续数日的大雾天气。到 12 月 8 日的 4 天里，伦敦死亡人数达 4000 人。而在 12 月 9 日之后两个月内，有近 8000 人因为烟雾事件而死于呼吸系统疾病。

屋顶种植。摄于四川峨眉山市街头

1975 年 8 月，河南南部遭遇特大暴雨，由于淮河上游的板桥水库和石漫滩水库上游森林破坏严重，森林覆盖率不到 20%，导致大坝决口。而淮河上游的薄山水库和东风水库则因其上游森林覆盖率近 90% 而免于决口。

从前，在美国中部有一个城镇，这里的一切生物看来都与周围环境相处得很和谐。这里庄稼遍布，小山下果园成林。春天，繁花像白色的云朵点缀在绿色的原野上；秋天，透过松林的屏风，橡树、枫树和白桦射出火焰般的彩色光辉；狐狸在山上吠鸣，鹿群静悄悄穿过笼罩着秋天晨雾的原野……

是什么东西使得美国无数城镇的春天之声沉寂下来了呢？

——［美］蕾切尔·卡森（Rachel Carson）《寂静的春天》

植物小品。摄于北京世界园艺博览会

植物小品。摄于贵州安顺

8.石头缝里生长的植物

植物的生存方式比我们想象的更加自由自在，就连墙面、坡面、堤岸、屋顶、廊、柱、栅栏、枯树、假山上都有植物生长。墙体种植可净化环境，减少噪声，增加空气水分，美化环境。

柏生两石间，万岁终不大。
——〔唐〕韩愈《招杨之罘》

佛甲草（*Sedum lineare*）是一种适应性强、不择土壤、可生长在较薄基质上的植物，耐干旱能力极

屋顶植物。摄于河南香严寺

迎客松。摄于安徽黄山

强，夏天屋顶温度高达 55℃，连续 20 天不下雨的情况下，佛甲草也不会死亡。爬山虎（*Parthenocissus tricuspidata*）攀缘在墙壁或岩石上。炮仗树（*Pyrostegia venusta*）植于庭园建筑物的四周，攀缘于凉棚上，初夏红橙色的花朵累累成串，状如鞭炮。葫芦（*Lagenaria siceraria*）是一种藤长 15 米的草本植物，适宜立体种植。黄山迎客松（*Pinus taiwanensis*）倚狮石破石而生，树龄已有 800 年。

9. 生长在空气中的植物

十字街头逢阿爷，眉毛盖眼胡须面。

——〔宋〕释师范《偈颂一百四十一首》

有一种植物宛如假发，或像胡须，高悬在半空中，或生于树枝、岩石、电线杆上，没有水土滋养，甚至连根在哪儿也看不到，仅靠叶子上的鳞片吸收空气中的水分与养分，这就是起源于南美洲的松萝铁兰（*Tillandsia usneoides*）。松萝铁兰又名老人须、空气草，茎密且细，扭曲下垂，长约6米。叶密被银灰色鳞片，

空气凤梨

松萝铁兰

松萝铁兰

蓝绿色，叶上的鳞片可以吸收水分。松萝铁兰虽然有根，但它的根只起固着作用，没有吸收功能。人工栽培可悬空吊垂任其向下生长。有人还把松萝铁兰悬挂窗台用作窗帘。它的种子具有纤细的丝毛，有利于种子飘落在大树上，在树上安家。

松萝铁兰是空气凤梨的一种，属于附生植物，不是寄生植物。附生植物是不需要从宿主植物体内取得养分的。此外，附生植物还有兰花、蕨类等。它们生长在高高的树冠上，可以更好地获得光照。空气凤梨约有 550 个品种及 100 个变种，它们是唯一完全生于空气中的植物，不用泥土就可茂盛生长。

10.植物为什么会被动物吞食

豆麦之种，与稻粱殊，然食能去饥。

——〔汉〕王充《论衡·率性》

37 亿年前诞生的原核生物，无论是自养生物还是异养的原核生物，彼此基本上没有发生吞食和被吞食的情况。这是因为原核生物都很小，没有“细胞吞食细胞”的能力。

22 亿年前，真核细胞的诞生，开启了“细胞吞食细胞”时代。初期还是“单个细胞吞食单个细胞”，

鸡。摄于湖北老河口

澳大利亚的树袋熊即考拉以桉树叶为食。摄于广州长隆野生动物园

例如草履虫吞食细菌。生物之间的吞食是直接取得别的生物体上的营养物质，来建造自己的身体，是一种简单快捷的获取营养的方式。

在自然界里，几乎找不到一种植物不被动物食用。在生态系统里，吞食和被吞食的关系称为食物链。食物链是从草食动物开始的，这种关系可以用食物链金字塔表示，位于金字塔底端的便是植物。植物以水、二氧化碳为原料，利用阳光提供的能源，合成自身需要的营养物质。动物是吞食别的生物在体内完成消化、吸收，以获得营养物质的生物。真菌是通过分泌消化液，在细胞外面把死亡生物体的有机物进行降解、消化、吸收，以获得营养的生物。

植物想办法不被吞食，对抗的手段便是植物体内含有毒物质或植物体上长满棘刺。禾本科植物难以食用，因为禾本科植物叶子含有硅的成分，它的叶片边缘如刀片般锋利。它把幼嫩的生长点藏在植物体深处，以躲避动物的啃咬。

11.净化室内空气的植物

路平草长树亭亭，椰子林中宿舍精。

几净窗明人自适，依山面水风来清。

——谢觉哉《椰庄留别》

室内污染是由于室内引入污染源，或者室内通风环境不畅，导致室内空气中有害物质的增加，引起人们一系列不适的感觉。良好的室内环境应该是对人体健康有益的空间。由于现今室内装饰材料的广泛使用，一些对人体有害的污染物不断地被释放出来，给室内环境造成了污染。

餐厅。摄于广州百万葵园

垂叶榕（*Ficus benjamina*）、石蒲藤（*Pothos chinensis*）和合果芋（*Syngonium podophyllum*）可解决家具中的甲醛污染，绿萝（*Epipremnum aureum*）可以减少苯污染，吊兰（*Chlorophytum comosum*）具有吸附有毒气体的能力。

室内植物造景

室内植物造景。摄于北京世界园艺博览会

八、植物对人类的贡献

喜马拉雅山。摄于西藏

1. 植物猎人

> 兴致盎然地与世界交手，一直走在开满鲜花的路上。
>
> ——易烊千玺

1818年，英国人从中国引种紫藤（*Wisteria sinensis*），至1839年，在花园长成180英尺长、覆盖1800平方英尺的墙面，开了675000朵花。若不是植物猎人的远见、勇气与坚韧，荒芜的家园怎会如此富足？今人与子孙怎能得以衣食无忧？植物猎人是园艺学界的哥伦布。

《植物猎人》

法国人费洛朗斯·蒂娜尔（Florence Thinard）等著的《探险家的传奇植物标本簿》中记录了一大批植物猎人。

瑞典科学家丹尼尔·卡尔森·索兰德（Daniel Carlsson Solander）曾把30000种植物带回瑞典。

法国船长尼古拉·博丹（Nicolas Baudin）与英国航海家马修·费林德斯（Matthew Flinders）从澳洲带回4000种植物到法国。

瑞士植物学家奥古斯丁·彼拉姆

斯·德·堪多（Augustin Pyramus de Candolle）带回5000种活体和标本到瑞士。

英国杜鹃花之王乔治·福瑞斯特（Gorge Forrest）先后7次在中国云南发现309种杜鹃花，均引种到英国爱丁堡皇家植物园。

英国植物学家欧内斯特·亨利·威尔逊（Ernest H.Wilson）先后有4次中国之旅，收获珙桐、全缘绿绒蒿（*Meconopsis integrifolia*）、红花绿绒蒿（*Meconopsis punicea*）、帝王百合（*Lilium regale*）及数以万计的植物标本。

探索喜马拉雅山植物的“植物猎人”。摄于西藏拉姆拉措

2. 植物对人类的贡献

植物给人类的馈赠——空气。最早的时候地球上没有氧气，蓝藻吸收二氧化碳后释放氧气。

植物给人类的馈赠——光明。氧气层的形成，使阳光能穿透云层，直达地面。人类获得了光明。

植物给人类的馈赠——土壤。地球早期多为岩石覆盖，植物参与了土壤的形成。

植物给人类的馈赠——食物。植物是人类的粮食来源。

植物给草食动物的馈赠——牧草。牧草是食草动物赖以生存的食物来源。

植物时时刻刻陪伴着我们。植物为人类提供了食物、燃料、药物、煤炭、石油、纤维、香料、酒类、染料、橡胶、油漆、木材、房屋、桥梁等。

英国作家比尔·劳斯（Bill Laws）

一杯龙舌兰酒，二杯龙舌兰酒，三杯龙舌兰酒，醉倒在地。

——［美］乔治·卡林(George Denis Patrick Carlin)

工具

马车历史久远，它对于人类的发展起着至关重要的作用，一直到 20 世纪仍然是世界各国主要的运输车辆，用作载人和运货。此马车制造于 1870 年。摄于浙江省奉化民国大杂院

著的《改变历史进程的 50 种植物》，阐述了 50 种植物曾经深刻地影响了人类历史的进程。

在这 50 种植物中，有生产龙舌兰酒的龙舌兰；法国的向日葵画作，永远地改变了艺术世界；啤酒花（*Humulus lupulus*）将麦芽酒转变成了啤酒。

这 50 种植物中，有些是人类的食物，有些制成车辆和轮胎，有些成了住房的建筑材料，有些成为文学创作的素材，有些成为涂鸦世界的色素。

瑞士的房

3. 人类的食物

10500 年前，在地中海地区的新月沃土，人类开始了对植物的筛选和改良，成功驯化了一部分植物并大面积种植。中东地区贡献了苹果和梨，以及小麦、大麦、黑麦和燕麦等。阿兹特克（Azteca）人提供了南瓜、玉米、豆子、可可、番木瓜等。

作物都是怎样驯化而成的呢？粟从狗尾草（*Setaria viridis*）驯化而来，大豆从野大豆驯化而来，番茄从野生醋栗番茄（*Solanum pimpinellifolium*）驯化而来，马铃薯从秘鲁南部的野生种驯化而来，玉米从

燕麦

如果农业并没有令食物变得质量更高、来源更稳定、更容易获得，而是反倒似乎让食物变得更粗略、更不稳定，还要耗费更多的劳动力，那么，为什么还有人务农呢？

——［美］马克·内森·科恩（Mark Nathan Cohen）

高粱

墨西哥大刍草驯化而来，甘薯从南美洲野生种驯化而来。

尽管全球约有3万种可食用的植物，但人类仅用了其中30种养育这个世界。水稻、小麦、玉米、高粱、甘蔗、甜菜、马铃薯、甘薯、大豆、蚕豆、椰子和香蕉是世界上最主要的12种食物。其中，水稻、小麦、玉米、高粱和粟类5种谷物，为全球人口提供了总能量的60%。

4. 作物四大家

一种植物能否当选为作物，看它是否富有营养，是否具有可以长期贮存的种子或果实，或是否具有独特个性，如令人喜爱的味道或气味，能够抗菌杀毒，或使人致幻。

家里只留得四五担谷子，一冬要吃，明春再要种子，最要紧的是周乡绅的租米还没有缴纳呢！

——洪深《香稻米》

禾本科、豆类、葫芦科、苋科有幸成为作物中的四大家族。

蝶形花科植物蚕豆

禾本科植物之所以成为人类首选的农作物，是因为它的植物生命周期短，一年或两年为一个收获周期，人类收获了一季粮食后就可以进行下一轮的耕种。禾本科植物种子可长期存放，不易变质。其中小麦是世界上最重要的粮食作物，每个麦粒就是一个小型的食物贮存器，充

葫芦科植物南瓜

苋科植物苋菜。摄于法国

满着高能的蛋白质、淀粉、矿质元素及维生素。

作物的第二大家族是豆类。起源于欧洲的蚕豆（*Vicia faba*）首先被驯化。瓜类与谷物类作物相比，瓜类为人类提供必需的维生素和碳水化合物。苋科植物苋菜的叶是完美的食物来源。

在北美洲有庭院植物三姐妹之称的玉米、豆类和西葫芦具有共生效应。玉米提供了豆类植物攀爬的支架；豆类提供了根瘤菌固定的氮素；西葫芦的蔓延，使地表保持湿润，且不利于杂草生长。

5. 蔬菜

我们每天都在食用蔬菜，普遍栽培的蔬菜主要集中于 8 个科的植物种类：

为什么我们反复钟情于这些灼烧我们的嘴唇又迷惑我们大脑的次要作物呢？

——［英］约翰·沃伦（John Warren）《餐桌植物简史》

十字花科有萝卜、芜菁（*Brassica rapa*）、白菜、甘蓝、芥菜。

伞形科有芹菜、胡萝卜（*Daucus carota* var. *sativa*）、小茴香（*Foeniculum vulgare*）、芫荽（*Coriandrum sativum*）。

茄科有番茄、茄子（*Solanum melongena*）、辣椒

大葱

(*Capsicum annuum*)。

葫芦科有黄瓜、西葫芦、南瓜、冬瓜、丝瓜、瓠瓜（*Lagenaria siceraria* var. *depressa*）、苦瓜、佛手瓜（*Sechium edule*）。

蝶形花科有菜豆、豇豆、豌豆、蚕豆、刀豆（*Canavalia gladiata*）。

百合科有韭菜（*Allium tuberosum*）、大葱（*Allium fistulosum* var. *giganteum*）、洋葱、大蒜、金针菜（*Hemerocallis citrina*）、石刁柏（*Asparagus officinalis*）、百合（*Lilium brownii* var. *viridulum*）。

小茴香

菊科有莴苣、莴笋（*Lactuca sativa* var. *angustata*）、茼蒿、牛蒡、菊芋（*Helianthus tuberosus*）、朝鲜蓟。

藜科有菠菜（*Spinacia oleracea*）、甜菜。

其中洋葱原产阿富汗，茄子原产印度，四季豆原产热带美洲，土豆原产安第斯山脉，南瓜原产北美洲，胡萝卜原产欧洲和西、南亚。

生菜

6. 油料植物

自农耕时代至今，按照择优汰劣的法则，有幸成为当今最重要的油料植物的是花生（*Arachis hypogaea*）、大豆、芝麻（*Sesamum indicum*）、向日葵、油菜、油茶（*Camellia oleifera*）、油橄榄、油桐（*Vernicia fordii*）、油棕。

油茶种子含油率 25.2%～33.5%，茶油是食用油脂之一，用于烹调和煎炸。油菜是人们最主要的食用油料植物之一。大豆含脂肪 20%。花生自古以来就是

芝麻

美丽的圣母，橄榄，你的花给我们油，给我们生命，纯洁的曙光，是太阳的衣裳，天空和大地披满霞光。

——［西班牙］费利克斯·洛佩·德·维加·伊·卡尔皮奥（Félix Lope de Vega y Carpio）

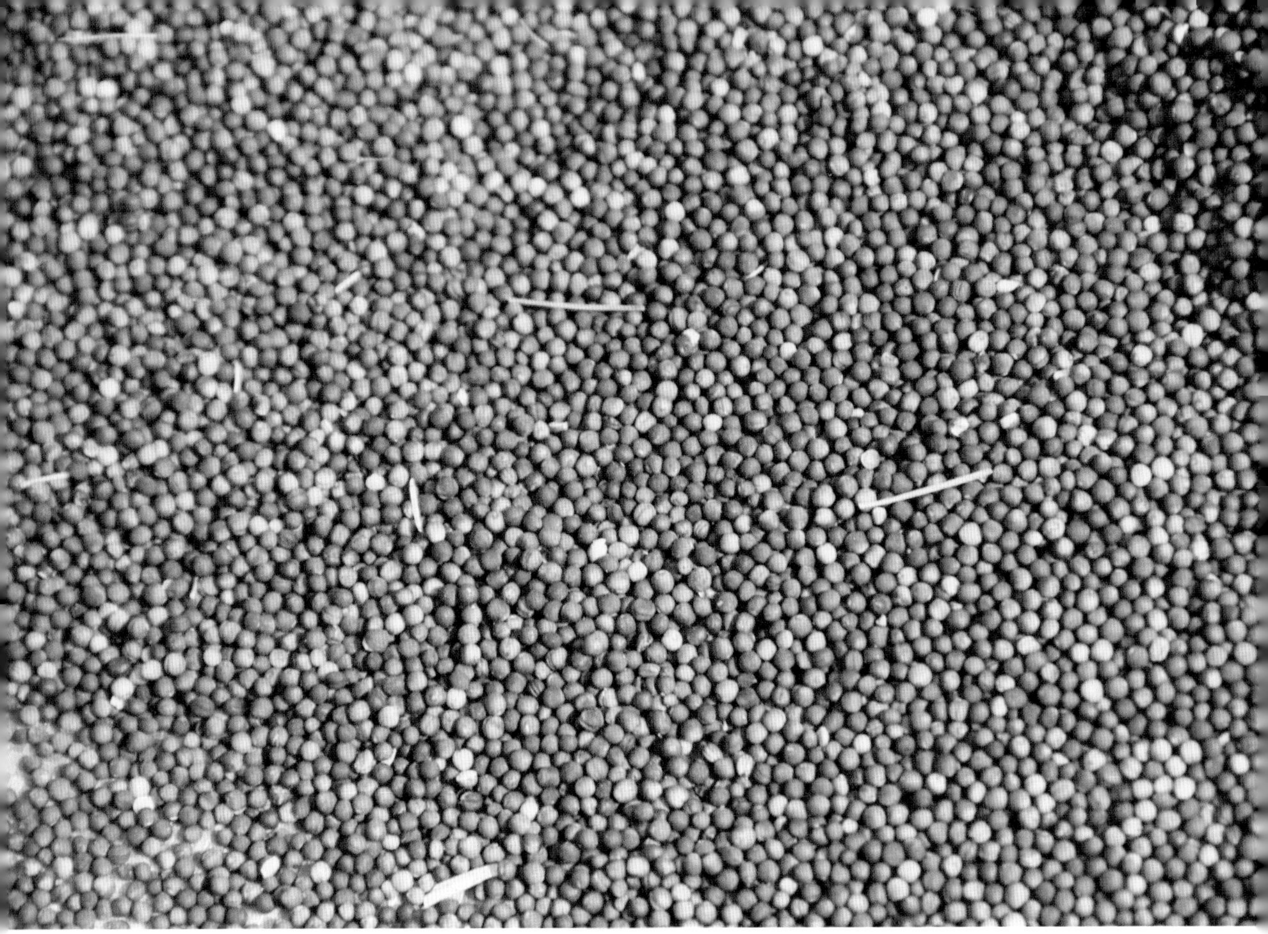

油菜籽

花生

人们喜爱的一种食品，含有丰富的蛋白质，具有“绿色牛奶”之称。用芝麻磨成的小磨油浓香馥郁，是人们十分喜爱的佐食佳品。油桐种子大，胚乳富含脂肪，榨出即为桐油，可涂器具、雨伞，制漆和油墨。油棕是世界上单位面积产油量最高的树种，在马来西亚每公顷油棕可产棕榈油 4 吨，单位面积产油量是大豆的 20 倍、菜籽的 10 倍。

7. 药用植物

公元1世纪，希腊医生迪奥斯克里德斯（Dioscorides）发表的《药物论》为药用植物的使用奠定了基础。明代医药学家李时珍通过到各地游历考察，结合历代本草经书，编写出了医学著作《本草纲目》。

中国科学家屠呦呦因为发现青蒿素——一种用于治疗疟疾的药物，挽救了全球特别是发展中国家的数百万人的生命。美国科学家瓦尼（Mansukh C. Wani）从北美产的短叶红豆杉（*Taxus brevifolia*）树皮中分离

李时珍像

那些写过草本植物或者植物这一大类书的人向人们传授植物所具有的显著特征……并且他们声称有些植物具备一定的能量，不管是内服还是外用都能发挥作用。

——伽林评希波克拉底（Hippocrates）的《人类的本性》

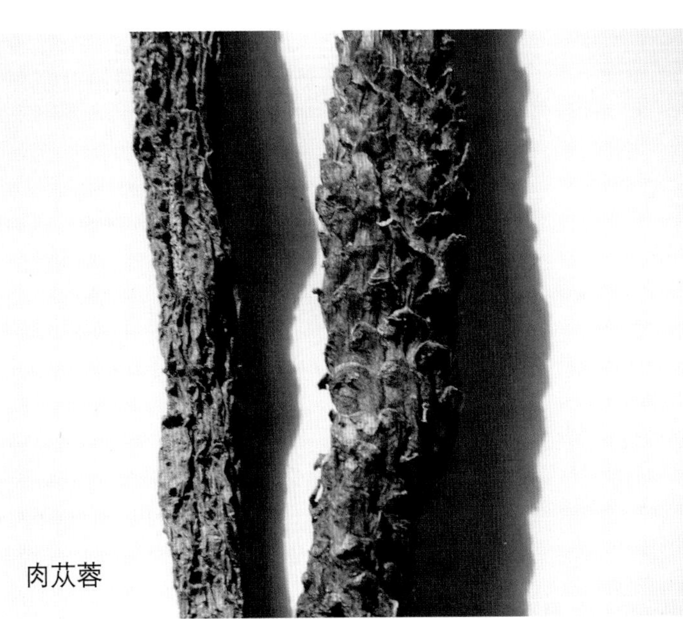
肉苁蓉

鉴定出紫杉醇，紫杉醇是治疗晚期卵巢癌的药物。人参是强壮补益药，中国人对人参的利用和崇拜成为一种独特的文化现象，人参亦成了民族植物学研究的重要对象。人参、貂皮、乌拉草（*Carex meyeriana*）俗称“东北三宝”。藏医药是中国医学宝库的重要组成部分，为中国第二大民族医药学体系。

锁阳

青蒿

8.饮料植物

饮料植物有哪些呢？巴西咖啡以质优、味浓而驰名全球，巴西是世界上最大的咖啡生产国。咖啡豆有健胃、利尿、兴奋的功能。咖啡是咖啡豆经过烘焙磨粉制作出来的饮料。

起源于中美洲和南美洲的可可树，其学名意思是上帝的食物。可可干豆品味醇香，具有兴奋与滋补作用，是小儿和病人的良好营养品。

咖啡在身上一开始发挥作用，灵感就如同雄狮中的小分队迅速行动起来。

——[法]奥诺雷·德·巴尔扎克（Honoré de Balzac）《咖啡的乐趣与苦恼》

茶园

大果咖啡

茶树的嫩芽、叶经不同加工方法可制成绿茶、红茶、乌龙茶等。中国十大名茶是苏州吴中碧螺春、黄山毛峰、龙井茶、六安瓜片、都匀毛尖、信阳毛尖、祁门红茶、武夷岩茶、安溪铁观音、岳阳君山银针。

白桦春季展叶前开始分泌汁液，桦树汁液可制成饮料。

9. 香料植物

香料是一种能被嗅觉或味觉感知香味的物质，有辛温型、滋补型、浓香型、怪味型、麻辣型。香料植物起源于热带地区，它火爆的味道可能是植物演化出来的防御机制，用来防御可能吞食它的动物，然而因为自身的芳香，被人类给食用了。

芳香植物既有花开艳丽的高等显花植物，又有无花无果的低等蕨类和苔藓植物，既有高大参天的乔木，又有矮小娇嫩的草本。

"香料"一词不单单指用于调味的芳香植物制品，还暗示了一些令人兴奋的、具有异国情调或者稍稍别致的事。

——［英］约翰·沃伦(John Warren)《餐桌植物简史》

孜然（*Cuminum cyminum*）

白兰

著名香花树种有瑞香（*Daphne odora*）、含笑（*Magnolia figo*）、栀子（*Gardenia jasminoides*）、米兰（*Aglaia odorata*）、茉莉（*Jasminum sambac*）、桂花（*Osmanthus fragrans*）、白兰、九里香（*Murraya paniculata*）、代代花（*Citrus aurantium*）、蜡梅（*Chimonanthus praecox*）。

香草植物大多数属于一年生或多年生草本。一年生香草如莳萝（*Anethum graveolens*），一、二年生香草如紫苏（*Perilla frutescens*），多年生香草如朝鲜蓟（*Cynara scolymus*），芳香类灌木如迷迭香（*Rosmarinus officinalis*）。香味蔬菜的枝叶常年飘香，枯而犹存，如芹菜（*Apium graveolens*），枝叶能源源不断地散发出怡人的香气。

10. 木材

历史上，木材是最主要的资源，是因树为屋、兵车之会、南船北马及生产生活用具的原材料。木材曾广泛用作铁路枕木、煤炭等矿物开采矿柱、房屋建筑、轮船车辆、桥梁等的材料。木材也是根雕、树雕材料。对于人类来说，木材就像空气一般不可或缺。

木材取自树干，是树冠与树根之间的直立部分。树干的构造包括树皮、形成层、木质部、髓。木材主要是由植物细胞壁组成的。树木的年轮就是初期柔软的

木屑竹头，皆为有用之物。

——〔清〕程允升《幼学琼林·人事》

木偶。摄于意大利佛罗伦萨

白木质和老的变硬的内部木质之间的分界线。

木材的独特性在于它是一种人类可以重复利用的自然资源。木材既硬又结实，既轻又有韧性，集所有优点于一身。

乌木（*Diospyros ebemum*）在磨光后，出现黑金属光泽，加工面坚硬光滑，结构极细，致密而均匀，无特殊气味。

桃花心木（*Swietenia mahagoni*）心材淡红褐色、红褐至淡红色带红，有绢丝光泽，或带波浪形带状花纹，结构致密。

红木是明清以来对稀有硬木的统称，包括黄花梨（*Dalbergia odorifera*）、紫檀（*Pterocarpus indicus*）、花梨木（*Ormosia henryi*）等。

木材

11. 竹子

竹子开花

公元前3000年，约旦人使用竹子制作笔。公元前1000年，中国人用竹子制作风筝的骨架。公元前475年，中国人用竹子制作笛子。1880年，美国发明家托马斯·阿尔瓦·爱迪生（Thomas Alva Edison）用碳化竹丝制作电灯泡内的燃丝。

虽无丝竹管弦之盛，一觞一咏，亦足以畅叙幽情。

——〔晋〕王羲之《兰亭集序》

毛竹林。摄于浙江安吉县

大熊猫几乎完全靠吃竹子为生。摄于广州长隆野生动物园

从世界上最早的独轮车到飞机模型，某些独特艺术的诞生，都有竹子的身影。如箬笠、帽子、农具、渔网、篮子、纸笔、酒杯、烟袋管、勺子、筷子等。竹叶、竹衣、竹沥、竹笋、竹茹可食用或药用。竹子也是大熊猫、小熊猫和大象的食物。

从群体看，竹亚科约有1400种，竹子四季青翠，碧玉成林；从个体看，青枝独秀，摇曳生姿；从色彩看，有金黄色、血红色、紫黑色、粉白色、绿色。

竹子的代表种毛竹（*Phyllostachys heterocycla*），高达30米，新茎一天可生长0.9米以上。50年以上可以开花。毛竹竿型粗大，用作梁柱、棚架、脚手架等；篾性优良，供编织各种粗细的用具及工艺品；枝梢作扫帚，嫩竹及竿箨造纸，笋鲜食或加工制成笋干、笋衣等。

盘根错节——竹子，树龄300年，产于海南。摄于北京古森林博物馆

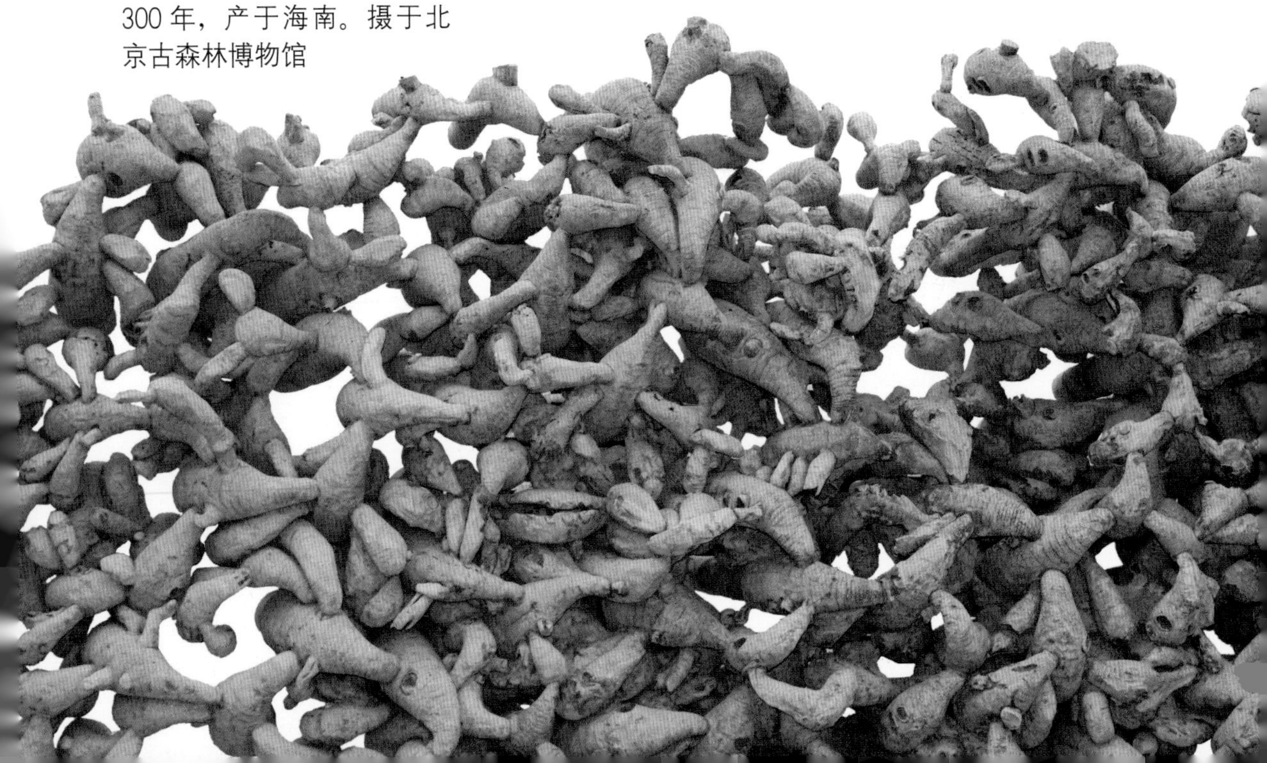

12. 森林康养

大约在 100 年前，德国倡导一种自然疗法，利用森林浴进行辅助性治疗，并在巴特·威利斯赫恩镇建立了一个森林疗养地。森林里野花、野草、野菜、野果、野生菌类、野生动物，无不吸引人们前去探求。

森林康养包括登山观景、荫下散步和郊游野餐等广泛接触森林环境的健身活动。森林的隔声效果会使人感到一种远离都市喧闹的特有宁静，绿色环境和优美风景能给人安谧舒适的感觉。森林中除林木分泌的挥发性物质有杀菌作用外，林间环境也对人们的健康大有好处，它可以调节神经系统，改善大脑皮层活动，促进新陈代谢，提高人们的免疫功能。森林浴可以治疗高血压、肺结核、哮喘、流感、失眠、关节炎和神经衰弱等疾病，并对病后体质的康复有明显促进作用。

从马路转入森林，你实际上已经穿越一道，此刻在你身后闭合起来的门，平日的世界连同它的一切喧闹、悲伤和忧虑都被摒除于外。

——［英］约翰·斯图尔特·科利斯（John Steuart Collis）

森林氧吧

13.细菌

细菌出现在35亿年前，直到16世纪，才由荷兰显微镜学家安东尼·列文虎克（Antony van Leeuwenhoek）发现。

细菌是一种无核单细胞生物，存在于土壤、水、空气和动植物体表面及消化道等处。细菌对有机物有

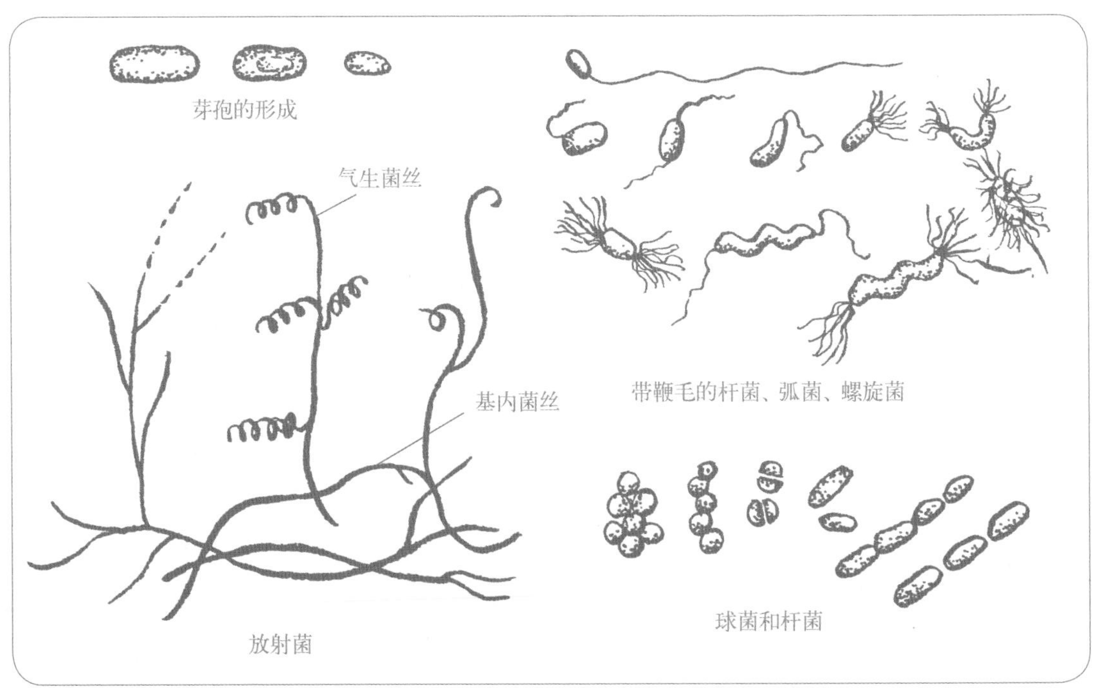

细菌的形态

很强的分解能力，有些还能进行固氮和硝化。

益生菌对宿主有益，定植于人体肠道、生殖系统内，能产生健康功效并改善宿主微生态平衡，发挥对肠道有益的作用。

一些细菌为病原体，导致了破伤风、伤寒、肺炎、梅毒、霍乱和肺结核。在植物中，细菌导致叶斑病、火疫病和萎蔫。

是否没有了细菌，人类就可以足够健康？若没有了细菌，任何人都活不下来！

在大约23亿年前，大气中的氧气曾有一次巨大的提升，人们认为这是蓝藻细菌光合作用的结果。这个事件表明，藻类的进化史从25亿年前就开始了。10亿多年前，红藻和绿藻由一个共同的古老祖先进化而来，最早的红藻化石可以追溯到大约15亿年前。

——［美］迈克尔·C.杰拉尔德（Michael C.Gerald）等《生物学之书》

烟草花

14. 真菌

雪尽收茶早，云晴拾菌鲜。

——〔宋〕释彦强《山居》

什么是真菌？我们日常食用的蘑菇就是真菌，在原始森林内的腐木或老树杈上都有附生。放久了的馒头变质发霉，腐烂的水果上长出的毛毛，这是真菌中的霉菌。腐生真菌能将土壤中动植物的残体分解，使复杂的有机物变成二氧化碳、水和无机盐，回归到大气及土壤中。

若没有真菌，世界将会变得脏乱不堪。

20 亿年前，真核生物诞生。14 亿年前，真菌由水生单细胞进化而来。真菌是一种真核生物，具有细胞

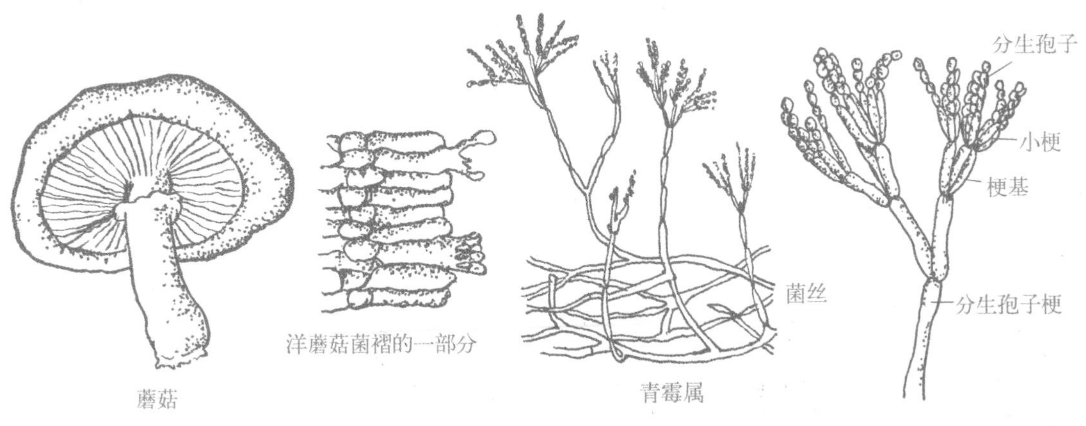

真菌

核和细胞壁的异养生物。现在已经发现7万多种真菌。

虽然传统上把真菌归为植物，但现在人们普遍认为它们根本不是植物，因为它们缺乏光合作用的能力，没有细胞壁。它们与动物的共性多于与植物的共性。

真菌类如蘑菇（*Agaricus campestris*）、香菇（*Letimula edodes*）、银耳（*Tremella fuciformis*）、木耳（*Auricularia auricula*）、灵芝（*Ganoderma lucidum*）、茯苓（*Wolfiporia cocos*）、竹荪（*Dictyophora indusiata*）可食用或作药用。

但有一些真菌会引起动植物的病害，如人类的秃疮、脚癣等。半知菌亚门中有300余属是病原菌，会引起人类和一些动物产生皮肤病。

猴头菌

灵芝（模型）

九、植物的美丽与智慧

花海

1. 赏花

人们为什么赏花？那是花的神、姿、色、态、香使然。

生生世世常如此，争似留神养自身。

——〔唐〕吕洞宾《绝句》

神就是花的神采、神态和神韵。

花枝草蔓眼中开，小白长红越女腮。

——〔唐〕李贺《南园十三首》

姿就是花的姿态、姿色和姿容。

回看桃李都无色，映得芙蓉不是花。

——〔唐〕李白《山枇杷》

色就是花的色彩、色调和色泽。

一肌一容，尽态极妍。

——〔唐〕杜牧《阿房宫赋》

态就是花的形态、状态和奇态。

崇兰生涧底，香气满幽林。

——〔唐〕贺兰进明《古意二首》

香就是花的香味、香泽和香艳。

荷花

花海。摄于成都蔚然花海

赏花需要了解花的性格，许多鲜花都有一个动人的故事，一首动听的诗歌，一幅丰富多彩的画卷。花卉诗文数十万计，有的经历了千余年，至今仍受人们的喜爱。花卉已渗透到人们生活中的方方面面。

花趣。摄于北京世界园艺博览会

2. 花钟

18 世纪，瑞典植物学家卡尔·林奈对花开的时间作了多年观察，并在自己花园里培植了一座花钟。

蛇床花（*Cnidium monnieri*）开花时间约在凌晨 3 时。

牵牛花开花时间约在凌晨 4 时。

野蔷薇花（*Rosa multiflora*）开花时间约在凌晨 5 时。

繁枝容易纷纷落，嫩蕊商量细细开。

——〔唐〕杜甫《江畔独步寻花七绝句》

万寿菊

龙葵花（*Solanum americanum*）开花时间约在 6 时。

芍药花开花时间约在 7 时。

半支莲花（*Scutellaria barbata*）开花时间约在 10 时。

万寿菊花（*Tagetes erecta*）开花时间约在 15 时。

紫茉莉花（*Mirabilis jalapa*）开花时间约在 17 时。

烟草花（*Nicotiana tabacum*）开花时间约在 18 时。

丝瓜花开花时间约在 19 时。

昙花（*Epiphyllum oxypetalum*）一现，时间约在 21 时。

牵牛花

昙花

紫茉莉

3. 一年无时不看花

在中国江南，一年中的十二个月，月月都有花开放。

有时三点两点雨，到处十枝五枝花。

——〔唐〕李山甫《寒食二首（其一）》

一月，蜡梅傲霜斗雪。

二月，梅花香雪成海。

三月，迎春（*Jasminum nudiflorum*）端庄秀丽。

四月，牡丹璀璨夺目。

五月，芍药花艳如锦。

栀子花

六月，栀子洁白如玉。

七月，荷花红花映日。

八月，凤仙花（*Impatiens balsamina*）娇艳芬芳。

九月，桂花甜香四溢。

十月，芙蓉花（*Hibiscus mutabilis*）千姿百态。

十一月，菊花繁英似锦。

十二月，象牙红（*Erythrina corallodendron*）怒放枝头。

桂花

菊花

象牙红

4. 玉树临风

何当凌云霄，直上数千尺。

——〔唐〕李白《南轩松》

植物的缤纷与美妙的结构，启发美术老师和写生学生们创作出丰富多彩的优美画作。

树形是由枝的排列方式决定的，枝在树上的位置是由新芽或生长点的排列决定的。多数针叶树的树形呈圆锥状，阔叶树的树形宽阔，呈云朵状。树形有自

柏树。摄于意大利

金塔柏（*Platycladus orientalis*）。摄于新西兰奥克兰

然开心形、疏散分层形、小冠疏层形、自然圆头形、纺锤形、杯状形、棚架形、篱架形、三角形、伞形、方形、柱状。

1782 年，印度加尔各答植物园栽种了世界上最大的榕树（*Ficus microcarpa*），有 1775 个气生根，平均直径 1.31 米，树冠面积达 1.2 公顷，可供 2 万余人乘凉。

世界上最大的树生长在美国西南部内华达山脉，叫作谢尔曼将军红杉（*Larix potaninii*），高 80 余米，重 1385 吨以上。它不是世界上最高的树，却是世界上最大的树，树龄大约 3500 年。

意大利伞松（*Pinus pinea*）伞状外形极具特色，广阔的树冠呈平坦拱状，美如冠玉。

榕树。摄于福州珍稀植物园

猴面包树外形从远处看像一座房屋，是世界上最胖的树。

大王椰子单干耸然直立，成为热带及南亚热带地区最常见的棕榈类植物，叶长 5 米以上。羽状的叶子可以使风穿过，中央的中肋强壮，弯而不折。小叶在强风中折叠，可以减少迎风面积，不会损伤植株。

世界四大行道树分别为悬铃木、椴树、七叶树和榆树，世界五大观赏树分别是金松、雪松、南洋杉、金钱松和巨杉，它们均因优美的树形而著称。其中巨杉高约 100 米，胸径约 10 米；树干下开个阔洞，可以通过汽车；树锯倒后，人需要梯子才能爬上树干。

柏树。摄于意大利

马尾铁。摄于澳大利亚

5.几何植物

亭亭员干直，翦翦翠轮齐。

——〔宋〕刘挚《次韵唐诵植棕榈三绝句》

自然界中的植物千奇百怪，让我们一起领略那些被忽略的神奇的植物几何图案吧!

向日葵花盘的果实排列呈现怎样的几何形状呢?是按照一个恒定的弧度沿着螺旋轨迹发散的，而这个螺旋线的弧度是137.5°。这样的散发角排列模式，才使向日葵花盘上的果实排列分布最多、最紧密和最匀称。在几何学上，如果用黄金分割率0.618来划分360°的圆周，所得的角度约等于222.5°。在整个圆周内，与222.5°相对应的外角就是137.5°，所以，137.5°就是圆的黄金分割角。

向日葵

王莲（*Victoria regia*）叶脉分枝结构体现的几何形

王莲

状，就是用最少的材料完成尽可能多的功能，足以让其在水中称孤道寡。这一原理已经应用于机场大厅、宫殿等建筑中。1951年，意大利建筑师皮埃尔·路易吉·奈尔维（Pier Luigi Nervi）模仿王莲叶脉机理在其作品迦蒂羊毛厂中采用了混凝土肋板结构，平面内相互连接的肋梁增强了结构的整体刚度。王莲的叶片是利用空气漂浮，这些空气贮存于叶片里面的气室内或叶片表面的密毛之间，为叶片提供了巨大的浮力。叶片下的紫红色组织，可以吸收穿越进来的阳光，以保持温暖。

此外，苏玛旺氏轴榈（*Licuala peltata*）叶似人工修剪成的大扇子，好像经过圆规绘制而成的，令人惊奇。石榴（*Punica granatum*）种子的排列方式，呈六边形，反映出几何效率。

苏玛旺氏轴榈。摄于华南植物园

6. 以虫为食的植物

全球约有 500 种食虫植物，这些植物是在土壤贫瘠的环境中进化而来的，因而根系不发达。为了获得氮源，在长期的自然选择和遗传变异中，它们的叶子逐渐变化，演绎形成各种奇妙的捕虫器。实际上，食虫植物不食虫依然可以生活得很好，只是吃荤的生活总会使自己过得更舒服或生长得更茁壮一些。

猪笼草

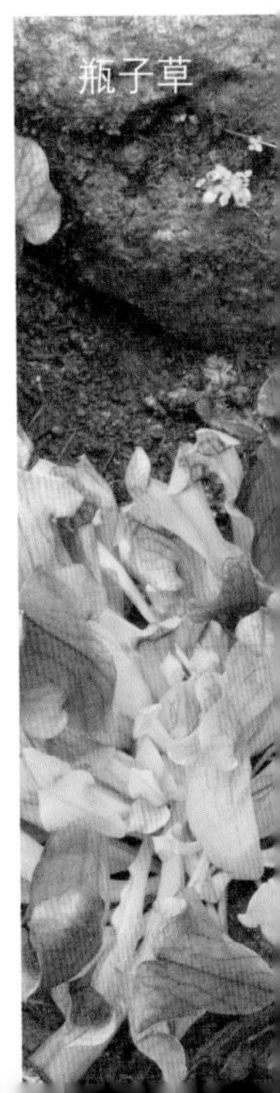
瓶子草

猪笼草是怎样食虫的？猪笼草叶子基部宽而扁平，中脉伸出形成卷须状，卷须顶部生出一个囊状物，囊状物边缘内卷，内有半瓶水液，成为一个罐子，上面有个盖，盖的一部分与囊状物的口相连。盖可以打开或闭合，其作用是引诱昆虫和防止雨水进入罐中。最大的食肉植物是马来王猪笼草（*Nepenthes rajah*），它可以吃下一只体型正常的大老鼠或小型哺乳动物。

瓶子草（*Sarracenia purpurea*）叶子呈管状或喇叭状，这些瓶状叶可以捕捉昆虫。捕蝇草（*Dionaea muscipula*）叶子边缘具有感应毛，若被触动，叶片便开合，即把昆虫困住。圆叶茅膏菜（*Drosera rotundifolia*）的叶上有黏液腺，会捕获昆虫，然后消化掉。此外，还有貉藻（*Aldrovanda vesiculosa*）、狸藻（*Utricularia vulgaris*）也是食虫植物。

山北山南花烂熳，日长蜂蝶乱。

——〔宋〕毛幵《谒金门·春已半》

捕蝇草

7. 植物伪装术

自然界中，有一些植物偏偏长了一幅动物的模样。

——李唐文化工作室《植物大百科》

一种生物模拟另一种生物或模拟环境中的其他物体是为了从中获得好处。

有的植物伪装成石头，生石花形如彩石，色彩丰富，娇小玲珑，被称为有生命的石头。岩牡丹（*Ariocarpus retusus*）上部分扁平，有三角形的结节，重叠形成横向的皱纹，如同岩石。岩牡丹完全没有冠，呈灰色，在其生长地很容易隐藏自己。

有的植物伪装成动物，眼镜蛇瓶子草（*Darlingtonia californica*）是非常知名的食虫植物，因酷似眼镜蛇而得名。珙桐花似展翅飞翔的白鸽，盛花期头状花序下的 2 枚白色大苞片非常醒目，其球形花序前的尖尖的嘴壳，酷似鸽子的头，两片白色大苞片宛如鸽子的双翅。花序与苞片的奇妙组合，使满树的花朵极似展翅的群鸽栖于树上，因此又叫鸽子树。

与绿色个体相比，伪装色的个体的生存概率更高一些。如绢毛苣（*Soroseris glomerata*）、毛茛（*Ranunculus grandis*）亲缘关系非常远，但是为了适应相似的流石滩的环境，都表现出了相似的伪装。瘤突苍耳（*Xanthium strumarium*）茎上长满暗色斑点，看起来像蚂蚁，食草动物就不把它当食物了。

鹤望兰（*Strelitzia reginae*）花序像一只鸟的头部，适应鸟类传粉。壮实的佛焰苞和合生花瓣的“标枪”部分为鸟类的栖息提供了平台，以便鸟类为其传粉。

蝴蝶兰花朵如蝴蝶展翅飞舞，鹭草花（*Pecteilis radiata*）酷似白鹭飞翔，飞鸭兰花（*Caleana major*）侧面像一只腾空飞起的小鸭子，鸽子兰花（*Peristeria elata*）像一只白鸽停坐在里面，猴面小龙兰花（*Dracula simia*）像一只小猴子的面孔。

绿魔帝兜兰

8.植物的御敌本领

以近待远，以逸待劳，以饱待饥，此治力者也。

——《吴子·治兵》

苍耳

几乎所有的生物都会为保护自己及后代而战斗，植物也不例外。面对凶悍无比、肆无忌惮地吞食植物的动物，植物都进化出什么样的防御招数？

植物采取不同的生长方式保证不被动物吞食，要么俯卧生长，要么长得高大。一些植物要么再生能力强，要么生长点在基部，使动物啃食不到。

有些植物产生毒素。澳大利亚的树袋熊总是昏昏欲睡，因为它食用了桉树叶子，该叶子里含有使动物困倦的化学物质。丝兰（*Yucca flaccida*）体内含有植物类固醇，动物食用后，会致其红细胞破裂，动物只好望而却步。荨麻含有刺激性化学物质甲酸蜇毛，被蜇后感觉不适。芫荽含有醛类物质，有 21% 的东亚人都没法接受这种味道。烟草含有尼古丁，咖啡中含有咖啡因，这些生物碱都是植物用来抵御天敌的。

植物茎上的茎刺、叶刺、皮刺均可抵御一部分惧刺的动物吞食。蔷薇属植物枝条上的皮刺、小檗属植物枝条上的叶刺、山楂树或火棘（*Pyracantha*

酸枣

fortuneana）茎上的枝刺、吉贝树干上硕大的皮刺，均可以阻挡动物对树皮的啃食。香棘金合欢（*Acacia karroo*）棘刺长达5厘米，它是叶柄基部两侧的叶状结构变态而成的托叶刺，足以吓退侵犯动物。王莲叶柄上的皮刺，起到不被鱼类伤害的效果。猴谜树（*Araucaria araucana*）叶在枝上螺旋排列，形成一张多刺的网，阻止了动物攀缘。

美丽异木棉（*Ceiba speciosa*）树干上密生圆锥状皮刺

见血封喉

9. 植物的智慧

植物精巧无比的求生能力中蕴藏着人类意想不到的智慧。数量繁多的低等的或弱小的植物，数亿年得以繁衍和生存，正说明了植物具有生存智慧。有史以来，人类一直将树木视为智慧之源。树木这种进化并适应环境的才能，为人类展示了生存防御、合作互利之道。

鹤望兰（下）与炮仗花。
摄于昆明世界园艺博览园

辣椒之所以辣，是为了避免某些动物直接将种子连同果肉一起消化掉。它只吸引能为它传播种子的鸟类，拒绝只食用其果实的哺乳动物。

菟丝子是一种没有叶的寄生植物，为什么能够生存呢？菟丝子完全依靠寄主提供水和养料，并根据寄主植物所产生的能量，合计出需要多大的入侵努力。寄生植物利用自身的叫作吸器的变态根刺入寄主体内，取得所需要的营养物质。

慈竹（*Bambusa emeiensis*）是怎样抵抗风害的呢？它粗大的茎靠在一起相互支撑，以抵抗风害。

蚁栖树（*Cecropia peltata*）树干细长且不会折损，起因是树干管状结构和加强节的轻型化设计。蚁栖树中空的躯干，是益蚁的理想住宅。每当啮叶蚁前来侵犯它的住房时，益蚁们坚决将啮叶蚁驱逐出境，保卫蚁栖树的树叶安然无恙，郁郁葱葱。

植物的心里完全缺乏自我和超我，虽然可能具有本我，也就是心理中接受感觉输入，按本能行事的无意识的部分。

——［奥地利］西格蒙德·弗洛伊德（Sigmund Freud）

蚁栖树。摄于厦门植物园

10. 多肉植物

可喜你天生成百媚娇，恰便似活神仙离碧霄。
——〔清〕曹雪芹《红楼梦》

多肉植物是很受欢迎的礼品花卉，只需要装入一个有趣的卡通盆，就是一件很受欢迎的小礼品。多肉植物既是花卉，又像宠物。它装点家居，美化庭院；它像宠物一样，被摆放在茶几、地柜、书柜、花架、窗台、书桌、墙壁上，无论在哪儿，都能成为视觉的焦点。书柜里摆放一盆多姿多色的多肉

毛面寿

特玉莲

植物，书房的气氛会更加雅致舒心。多肉植物有利于健康，使室内空气得到净化，有空气过滤器的作用。

多肉植物不需要一年到头只等开花，它们每天都如花般美丽。它有形态特殊的茎、奇特多变的叶、五彩斑斓的花。

龙舌兰科、番杏科、夹竹桃科、萝藦科、木棉科、凤梨科、鸭跖草科、菊科、景天科、葫芦科、龙树科、薯蓣科、大戟科、牻牛儿苗科、苦苣苔科、百合科、桑科、辣木科、西番莲科、胡椒科、马齿苋科、葡萄科、百岁兰科等均有多肉植物种类。

多肉植物适合干燥地带生长，仙人掌、芦荟、龙舌兰都有适合干燥环境生活的相似外形，这就是它们趋同进化的结果。

布纹球（*Euphorbia obesa*）

仙人掌世界。摄于福建漳州

11. 植物园

一朵孤芳自赏的花只是美丽，一片互相依恃着而怒放的锦绣才是灿烂。

——席慕蓉《再会》

1544年，比萨大学开辟了欧洲第一处植物园。1545年，帕多瓦大学植物园建成。1550年，佛罗伦萨大学营建植物园。1621年，牛津大学植物园建立。1626年，巴黎皇家植物园建成。

植物园是调查、采集、鉴定、引种、驯化、保存和推广利用植物以及普及植物科学知识，并供群众游憩的园地。

世界上最著名的植物园——英国皇家植物园邱园建于260年前，是世界知名的科学机构，对全世界植物多样性、植物保育做出了杰出的贡献，收集约5万种植物，约占已知植物的1/8。每年前来邱园研学或游玩的人达150万人次。

此外，墨尔本皇家植物园内有大量罕有的植物和

位于墨尔本的一家植物园

澳大利亚本土特有的植物，是全世界设计最好的植物园之一。巴黎植物园收集、种植世界各地的奇花异草，是一座17世纪就建成的皇家植物园。蒙特利尔植物园种植了26000多种植物，是北美最大的植物园。俄罗斯科学院总植物园收集植物20000个种和变种，蜡叶标本200万份。茂物植物园为世界最著名的热带植物园之一。

12. 国花

唯有牡丹真国色，花开时节动京城。

——〔唐〕刘禹锡《赏牡丹》

世界各国都有自己的特色花卉。许多国家把人们最喜爱的花作为自己国家和民族的象征，尊为国花。国花最早起源于欧洲的一些国家，后来才被其他国家普遍采用。国花并不全是各国政府正式规定的，有些是由于流传习惯而被本国人认可的。各国选的国花，有的国人普遍喜爱，观赏价值高；有的同国人生活、情趣密切相关；有的经济价值高；有的伴随着美丽传说。

郁金香

日本有樱花之国之称，樱花同富士山一起，被视为日本国家的象征、民族的骄傲。古希腊是历史上最早设立国花的国家。英国国花是玫瑰，荷兰国花是郁金香，希腊国花是油橄

玫瑰

榄，海地国花是王棕，孟加拉国国花是莲花，它们都把国花作为国家形象展示的一个窗口。

樱花

13. 国树

然后我对树说，你是否是你心之所欲，你是否是你想要的样子？树回答我，我正是我心之所欲，我正是我想要的样子。

——［英］艾萨克·罗森伯格（Isaac Rosenberg）

每个国家的人们都对自己国家的国树寄托了深厚的感情，如遍布加拿大的糖槭（*Acer saccharum*），加拿大人把它视为国宝。加拿大素有枫叶之国的称号，其国旗、国徽或邮票上，都有美丽的枫叶图案。

桉树在澳大利亚生长极快，不足10年即可成材，树高100米以上，所以澳大利亚人把桉树选为国树。其中澳洲杏仁桉（*Eucalyptus regnans*）高达156米，

油橄榄。摄于罗马

是世界上最高的树。

油橄榄（*Olea europaea*）与希腊人心目中的神圣女神雅典娜的传说有关，它代表着希腊人追求和平，提醒国人珍惜来之不易的和平生活。

黎巴嫩到处生长着秀丽、肃穆、刚劲、挺拔的雪松（*Cedrus libani*），黎巴嫩人视雪松为民族精神的象征，将其图案设计在国徽正中。

雪松

参考文献

[德] 安德烈斯·哈泽. 不如去看一棵树：26 棵平凡之树的非凡故事 [M]. 张嘉楠，龚楚麒，译. 北京：北京联合出版公司，2019.

[法] 让-玛丽·佩尔特，马塞尔·马祖瓦耶，泰奥多尔·莫诺，雅克·吉拉尔东. 植物之美：生命源流的重新审视 [M]. 陈志萱，译. 北京：时事出版社，2003.

[法] 薇罗妮克·巴罗. 花草物语：传情植物 [M]. 袁俊生，译. 重庆：重庆大学出版社，2018.

[法] 韦罗妮克·巴罗. 植物文化史：幸运植物 [M]. 张之简，译. 北京：生活·读书·新知三联书店，2018.

[法] 安妮-弗朗丝·多特维尔. 植物园 [M]. 孙娟，译. 北京：北京联合出版公司，2018.

[韩] 姜惠顺. 花的智慧 [M]. 孔渊，译. 南京：江苏科学技术出版社，2008.

[美] 比尔·沃恩. 山楂树传奇：远古以来的食物、药品和精神食粮 [M]. 侯畅，译. 北京：商务印书馆，2018.

[美] 戴维·乔治·哈斯凯尔. 看不见的森林：林中自然笔记 [M]. 熊姣，译. 北京：商务印书馆，2014.

[美] 凯瑟琳·赫伯特·豪威尔，彼得·汉·雷文. 植物传奇：改变世界的 27 种植物 [M]. 明冠华，李春丽，译. 北京：人民邮电出版社，2018.

[美] 蕾切尔·卡森. 寂静的春天 [M]. 吕瑞兰，李长生，译. 上海：上海译文出版社，2008.

[美] 迈克尔·C. 杰拉尔德，格洛丽亚·E. 杰拉尔德. 生物学之书 [M]. 傅临春，译. 重庆：重庆大学出版社，2017.

[美] 悉达多·穆克吉. 基因传：众生之源 [M]. 马向涛，译. 北京：中信出版集团，2018.

[美] The Diagram Group. 起源与进化 [M]. 胡煜成，等译. 上海：上海科学技术文献出版社，2019.

[美] 约翰·克雷斯，[英] 雪莉·舍伍德. 植物进化的艺术 [M]. 陈伟,译. 北京：北京科学技术出版社，2019.

[美] 丹尼尔·查莫维茨. 植物知道生命的答案 [M]. 刘夙，译. 武汉：长江文艺出版社，2018.

[美] 索尔·汉森. 种子的胜利：谷物、坚果、果仁、豆类和核籽如何征服植物王国，塑造人类历史 [M]. 杨婷婷，译. 北京：中信出版社，2017.

[日] 松井孝. 香草生活，恋上有香气的日常 [M]. 宋天涛，译. 北京：机械工业出版社，2017.

[日] 稻垣荣洋. 植物为什么不会动 [M]. 鞠阿莲，译. 北京：北京联合出版公司，2019.

[英] 艾米 · 简 · 比尔. 嘭! 大自然超有趣 [M] . 林洁盈，译. 昆明：云南美术出版社，2018.

[英] 罗兰·恩诺斯. 树的秘密生活 [M] . 梁焰,译. 北京：人民邮电出版社，2018.

[英] 麦克斯·亚当斯. 树的智慧 [M] . 林金源,译. 北京：新星出版社，2017.

[英] 沃尔夫冈·斯塔佩,罗布·克塞勒,梅德琳·哈里. 植物的异色世界 [M] . 钟慧元，译. 合肥：安徽少年儿童出版社，2017.

[英] 比尔·劳斯. 改变历史进程的 50 种植物 [M] . 高萍，译. 青岛：青岛出版社，2016.

[英] 约翰 · 沃伦. 餐桌植物简史：蔬果、谷物和香料的栽培与演变 [M] . 陈莹婷,译. 北京：商务印书馆，2019.

[英] 查理·达尔文. 物种起源 [M] . 钱逊,译. 南京：江苏人民出版社，2011.

[英] 克里斯托弗 · 布里克尔. 世界园林植物与花卉百科全书 [M] . 杨秋生，李振宇，等，译. 郑州：河南科学技术出版社，2005.

[英] 威廉·登恩. 香草花园 [M] . 蔡丸子,译. 武汉：湖北科学技术出版社，2010.

[英] 托比 · 马斯格雷夫，克里斯 · 加德纳，威尔 · 马斯格雷夫. 植物猎人 [M] . 杨春丽，袁瑀，译. 广州：希望出版社，2005.

[英] 罗布 · 克塞勒，玛德琳 · 哈利. 植物王国的奇迹：花儿的私生活 [M] . 王菁兰，译. 北京：人民邮电

出版社，2015.

[英] DK 出版社．DK 植物大百科：探索植物的秘密世界 [M]．刘夙，李佳，译．北京：北京科学技术出版社，2021.

侯元凯．奇妙的植物世界 [M]．北京：中国人民大学出版社，2021.

沈权民．137.5 度：奇妙的植物黄金角 [J]．科学 24 小时，2010（6）.